包钢高炉渣制备微晶玻璃的析晶行为

王艺慈 著

冶金工业出版社
2014

内 容 提 要

包钢高炉渣同时含有 CaF_2、RE_xO_y、K_2O、Na_2O、TiO_2 等特殊组分，属世界独有，使得高炉渣制备微晶玻璃的析晶行为变得较为复杂，普通高炉渣制备微晶玻璃的理论对于包钢高炉渣并不完全适用且存在较大的局限性。本书设计了以辉石类晶体（主要为辉石和透辉石）为主晶相的 CaO-SiO_2-MgO-Al_2O_3 系基础玻璃配方，采用差热分析（DTA）、X 射线衍射（XRD）、矿相显微镜观察及扫描电镜能谱分析（SEM）相结合的研究手段，对包钢高炉渣矿物组成及特殊组分赋存状态、高炉渣中特殊组分对玻璃析晶行为的综合影响、单一晶核剂对基础玻璃析晶行为的影响、复合晶核剂的选择及优化、熔融法制备微晶玻璃热处理制度的优化及基础玻璃的析晶动力学等问题进行了系统研究。

本书可供冶金资源综合利用及材料开发、制备领域的科学研究人员、技术人员参考。

图书在版编目(CIP)数据

包钢高炉渣制备微晶玻璃的析晶行为/王艺慈著 . —北京：冶金工业出版社，2014.1
ISBN 978-7-5024-6454-7

Ⅰ. ①包… Ⅱ. ①王… Ⅲ. ①包头钢铁公司—高炉渣—微晶玻璃—研究 Ⅳ. ①TF534

中国版本图书馆 CIP 数据核字(2014)第 001930 号

出 版 人 谭学余
地　　址 北京北河沿大街嵩祝院北巷 39 号，邮编 100009
电　　话 (010)64027926　电子信箱 yjcbs@cnmip. com. cn
责任编辑 王 优　美术编辑 彭子赫　版式设计 孙跃红
责任校对 郑 娟　责任印制 张祺鑫
ISBN 978-7-5024-6454-7

冶金工业出版社出版发行；各地新华书店经销；北京百善印刷厂印刷
2014 年 1 月第 1 版，2014 年 1 月第 1 次印刷
148mm×210mm；4. 5 印张；131 千字；131 页
26. 00 元

冶金工业出版社投稿电话：(010)64027932　投稿信箱：tougao@cnmip. com. cn
冶金工业出版社发行部　电话：(010)64044283　传真：(010)64027893
冶金书店　地址：北京东四西大街 46 号(100010)　电话：(010)65289081(兼传真)
（本书如有印装质量问题，本社发行部负责退换）

序

    包钢高炉主要采用白云鄂博矿作为炼铁原料，高炉渣中同时含有 CaF_2、RE_xO_y、K_2O、Na_2O 等特殊成分，且稀土中含有钍 (Th) 这种放射性元素。近年来，包钢高炉渣中钍含量已降至 0.03% 以下，为其综合利用创造了条件。目前，包钢高炉渣主要用来生产附加值较低的矿渣水泥，而利用高炉渣制备高附加值的微晶玻璃是高效利用包钢高炉渣的新途径。

    王艺慈副教授长期以来一直从事冶金领域的教学与科研工作，致力于炼铁原料及冶金资源综合利用方面的研究。她结合自己近年来的科学研究与实践，撰写了多篇关于包钢高炉渣制备微晶玻璃方面的学术论文，在国内外专业刊物上发表，并在此基础上系统总结、字斟句酌，编写了这本《包钢高炉渣制备微晶玻璃的析晶行为》。全书行文流畅、条理清楚，以包钢高炉渣及石英砂天然矿物为主要原料，通过加入 Cr_2O_3、CaF_2、P_2O_5、Fe_2O_3 等不同晶核剂，采用熔融法制备了 $CaO\text{-}MgO\text{-}Al_2O_3\text{-}SiO_2$ 系微晶玻璃，并分析了玻璃的析晶过程，探讨了晶核剂种类和数量对玻璃析晶行为的影响；通过改变基础玻璃配方中高炉渣的配比，分析高炉渣带入的 CaF_2、RE_xO_y、K_2O、Na_2O、TiO_2 等特殊组分对玻璃析晶行为、微晶玻璃显微结构和性能的影响；通过考查不同热处理条件下所制得的微晶玻璃试样的显微结构和性能，确定了最佳的晶化温度、晶化时间等热处理制度工艺参数，研制出性能良好的微晶玻璃。在本书中，王艺慈副教授针对包钢高炉渣制备微晶玻璃的析晶行为，提出了一些新的观点和方法，丰富和完善了高炉渣微晶玻璃制备理论，可为最终实现包钢高炉渣微晶玻璃制备的工业化生产提供基础信息和理论依据，同时也为利用冶金炉渣制备高附加值材料领域做出了应有的贡献。

相信本书的出版将对从事冶金资源综合利用及材料开发和制备领域工作的人们具有参考价值和指导意义。

北京科技大学教授，博士生导师

2013 年 9 月 10 日于北京

前　言

　　高炉渣是高炉生产的主要副产品，按照我国生铁年产量 46944 万吨计算，产渣量可达 14000 万吨。高炉出渣温度可达 1400℃ 以上，每吨渣含有相当于 60kg 标准煤的热量。因此，做好高炉渣的综合利用和余热回收，是钢铁行业节能降耗、实现绿色生产的有效途径。目前，国内高炉渣主要用于生产水泥和矿渣微粉，该途径存在投资大、经济效益低、熔渣的焓不能有效利用等诸多缺点。

　　高强、高档、高附加值的微晶玻璃，在建筑、装饰和工业上可作为耐磨、耐腐蚀、耐高温、电绝缘等材料，具有极为广阔的市场前景。建筑微晶玻璃的原始玻璃组成与高炉渣组成相近，基本上属于 $CaO-MgO-Al_2O_3-SiO_2$ 系统。国内外科学家长期研究发现，以高炉渣为主要原料，添加适当的辅助原料，可以生产性能优良的矿渣微晶玻璃，且生产过程无再次污染，产品市场供不应求。因此，利用高炉渣制备微晶玻璃，对于提高钢铁废渣的利用率和附加值、增加企业经济效益、减轻环境污染具有重要的意义。

　　包钢利用白云鄂博铁矿冶炼生铁产生的高炉渣的特点为：同时含有 CaF_2、RE_xO_y、K_2O 和 Na_2O 等特殊成分，其中 RE_xO_y 含量为 3% ~ 7%；且稀土中含钍（Th），ThO_2 含量为 0.03% ~ 0.08%，一般放射性高于《建筑材料用工业废渣放射性物质限制标准》中的要求。因此，包钢高炉渣自建厂以来未能充分利用，现已堆积 3000 多万吨，占地面积近 4km² ，今后还将以每年 200 ~ 300 万吨的速度递增。这不仅使包钢环境负担严重，还将阻碍包钢炼铁的可持续发展。近年来，随着包钢选矿和冶炼技术的进步及对白云鄂博铁矿资源的限制性使用，包钢高炉渣的钍含量已从 0.08% 降至 0.03% 以下，为高炉渣综合利用创造了有利条件。与水泥厂的合作试验表明，掺入 30% 以下的水淬渣配制生产的矿渣水泥，其放射性含量不超标，相当于土壤本底水平，即证明可以利用包钢高炉渣配制矿渣水泥，现已实现工业化生产。但高炉渣全部用于生产水泥是过剩的，且水泥产品附加值低。因此，开发高炉渣微晶玻璃制备技术是高效利用包钢特殊高炉渣的新途径。

目前，国内外相关研究多是针对普通高炉渣制备微晶玻璃的情况，而包钢炼铁原料白云鄂博矿是含铁、铌、稀土、氟、钾、钠等多种元素的复合矿床，在高炉冶炼过程中，一部分氟、钾、钠、稀土及放射性元素钍进入高炉渣中，这些特殊组分对高炉渣制备微晶玻璃的析晶行为产生影响。因此，普通高炉渣制备微晶玻璃的理论对于包钢高炉渣并不适用，包钢高炉渣制备微晶玻璃的析晶行为存在其特殊性。包钢高炉渣制备微晶玻璃的技术难点在于，其中特殊组分对玻璃的核化与晶化行为及所制备产品的性能存在综合影响，使得基础玻璃成分的设计、晶核剂的选择、热处理制度的确定变得较为复杂，本书针对这些难点展开系统研究。其研究成果是在"内蒙古自治区自然科学基金重大项目（2011ZD06）"和"内蒙古高校重点研究项目（NJZZ11141）"资助下完成的，为高效利用包钢特殊高炉渣探索了新的途径。

由于作者水平所限，书中不足之处，诚望读者赐教指正。

作　者

2013 年 9 月于内蒙古科技大学

目　　录

1 矿渣微晶玻璃研究概况

1.1 概述

对于任何制造业或能量转变过程来讲，人们不得不承认不可能实现零废弃物排放，因而循环利用世界资源和重新使用废弃物是很有必要的。回收利用就是对废弃物进行选择、分类和将其作为一种原料来生产与母材相同或相似的产品，例如在玻璃生产中使用废玻璃，如碎玻璃。本书研究的是关于重新使用矿渣废弃物来生产微晶玻璃。多种废弃物均可以用作微晶玻璃生产的原料，包括粉煤灰[1]、锌湿法提取泥浆[2]、钢铁炉渣[3]、焚化炉灰和渣[4,5]、氧化铝生产红泥、灯泡和其他玻璃生产的废弃物、电弧炉炉衬及铸造沙石。人们已经对用玻璃和陶瓷母体固定核废料进行了许多研究，并且最近开始对微晶玻璃母体在此方面的应用产生兴趣[6]。目前多种工业废弃物已经用于生产微晶玻璃。由于这些废弃物具有不同的成分和形态，它们的处理工艺和处理条件不同，并且所生产的微晶玻璃的显微结构和性能也不尽相同。为了制得适于结晶的母体玻璃，经常需要在废料中加入添加剂。然而必须指出，在回收利用废料的数量和优化新产品性能之间总是存在着权衡关系。总之，因为主要目的是重新利用废料，所以纯物质或为了改善性能而加入的非废料添加剂的数量应尽可能少。

微晶玻璃又称为玻璃陶瓷，是将特定组成的基础玻璃，在加热过程中通过控制晶化而制得的一类含有大量微晶相和玻璃相的多晶固体材料[7]，具有优良的力学、化学、热学、光学性能，已广泛地用作结构材料和功能材料，有良好的发展应用前景。矿渣微晶玻璃是微晶玻璃的一种，可以说微晶玻璃是 20 世纪 50 年代发展起来的新型玻璃材料，而矿渣微晶玻璃则于 1960 年由苏联 Kitaigorodiski 研制成功，并在 1966 年开发出第一条辊压法制备矿渣微晶玻璃的工业化生产线。随后，世界各国都积极展开了矿渣微晶玻璃的研究开发工作，我国第一条微晶玻璃生产线于 1993 年由河南新郑艺通建材公司建成。

近 20 年来，利用工业废渣制造矿渣微晶玻璃在我国得到了迅速的发展。矿渣微晶玻璃具有较高的机械强度以及良好的耐磨性、电学性能和化学稳定性，已成为一种良好的结构材料。当前的矿渣微晶玻璃主要采用高炉渣来制造，这是因为高炉渣主要成分为 CaO、SiO_2、MgO、Al_2O_3，它是一种具有很高潜在活性的玻璃体结构材料。

电炉和转炉炼钢所得的钢渣，因其变为固态后硬度大、成分不稳定以及金属含量高，除用于铺筑高速公路外很少被利用，至今几乎成为公害。利用高炉渣制造微晶玻璃不仅有利于治理环境，而且可以大量回收利用能源。采用熔融态高炉渣制造微晶玻璃，利用熔体的热容（1400℃时为 $1758kJ/(kg \cdot ℃)$），不仅省去了固态炉渣所需要的粉碎作业，而且可以节约近 80% 的能源。

随着工业的发展，各种矿渣大量排放，综合利用矿渣资源，研究开发高附加值的微晶玻璃装饰材料，对节约能源、变废为宝、改善环境、提高经济效益和社会效益具有重要意义。同时，利用尾矿废渣制备微晶玻璃，可以开发出高性能、低成本的高档建筑装饰或工业用耐磨、耐腐蚀材料，既使废弃资源获得了再生，有利于环境保护，又提高了材料的技术含量和附加值。因此，矿渣微晶玻璃将成为 21 世纪的绿色环境材料，并将获得广泛应用。矿渣微晶玻璃与天然石材的性能比较如表 1-1 所示。

表 1-1 矿渣微晶玻璃与天然石材的性能比较

性 能 指 标	矿渣微晶玻璃		大 理 石	花 岗 岩
	烧结法	熔融法		
密度/$g \cdot cm^{-3}$	2.47~2.56	2.5~2.8	2.7	2.7
抗折强度/MPa	40~50	40~300	7~19	15~38
抗压强度/MPa	400~600	600~900	10~290	120~370
莫氏硬度	6~6.5	8	3~5	5.5
吸水率/%	<1	0.02~0.25	0.3~0.8	0.2~0.5

1.2 矿渣微晶玻璃的组成和类型

1.2.1 矿渣微晶玻璃的组成

矿渣微晶玻璃的制备包括两个基本过程：矿渣基础玻璃及其制品的制备与矿渣基础玻璃制品的热处理。热处理的目的是使玻璃晶化转变成微晶玻璃。但是并非所有的矿渣都适合于制造矿渣微晶玻璃。

到目前为止，已经成功用于制造矿渣微晶玻璃的有冶金矿渣（如高炉渣等），此类矿渣制得的微晶玻璃的典型化学组成（质量分数）为：SiO_2 50%~60%、Al_2O_3 6%~9%、CaO 11%~13%、MgO 3%~5%、K_2O 3%~5%、$FeO+Fe_2O_3$ 2%~8%；尾矿（如石棉尾矿、铁尾矿等）制得的微晶玻璃的较佳成分（质量分数）范围为 SiO_2 49%~63%、Al_2O_3 5.4%~10.7%、MgO 1.3%~12%、Fe_2O_3 0.1%~10%、MnO 1%~3.5%、Na_2O 2.6%~5%。矿渣中一般都含有 SiO_2、CaO、Al_2O_3、MgO、R_2O 以及可以作为助熔剂、晶核剂的组分。但要制得具有所需工艺性能的微晶玻璃，还要根据需要添加一些其他组分，如石英砂、纯碱等。

1.2.2 矿渣微晶玻璃的类型

按所用的矿渣成分不同，矿渣微晶玻璃可以分为炉渣微晶玻璃和灰渣微晶玻璃等。按结晶过程中析出的主晶相种类不同，可分为以下几类。

1.2.2.1 硅灰石类矿渣微晶玻璃

硅灰石类矿渣微晶玻璃（主晶相为硅灰石 $CaSiO_3$）最有效的晶核剂是硫化物和氟化物，通过改变硫化物的种类和数量可以制备黑色、浅色和白色的矿渣微晶玻璃。其他晶核剂，如 P_2O_5、V_2O_5、TiO_2 等对该系统的作用也有相关研究。该系统玻璃中 CaO 含量对玻璃制备及制品性能有很重要的影响，CaO 含量高、MgO 含量低有利于形成硅灰石。高 CaO 含量的玻璃宜采用浇注法成型，而低 CaO 含量的玻璃宜采用烧结法。硅灰石微晶玻璃的力学性能和耐磨、耐腐蚀性能都比较优越，可以作为耐磨、耐腐蚀的器件用于化学和机械工业中。微晶玻璃装饰板强度大，硬度高，耐候性能好，热膨胀系数小，具有美丽的花纹，是用作建筑材料的理想材料。

1.2.2.2 透辉石类矿渣微晶玻璃

透辉石 $CaMg(SiO_3)_2$ 是一维链状结构，化学稳定性和耐磨性好，机械强度高。基本玻璃系统有 $CaO-MgO-Al_2O_3-SiO_2$、$CaO-MgO-SiO_2$、$CaO-Al_2O_3-SiO_2$ 等。透辉石类矿渣微晶玻璃最有效的晶核剂是氧化铬（Cr_2O_3），也常采用复合晶核剂，如 Cr_2O_3 和 Fe_2O_3、Cr_2O_3 和 TiO_2、Cr_2O_3 和氟化物。ZrO_2、P_2O_5 分别与 TiO_2 组成的复合晶核剂可有效促进钛渣微晶玻璃整体晶化，成核机理皆为液相分离，主晶相为透辉石和榍石。

由于矿渣成分的复杂性，不易制得晶相单一的微晶玻璃。以金砂尾矿为主要原料制得了以单相透辉石固溶体 $Ca(Mg,Al,Fe)Si_2O_5$ 为主晶相的微晶玻璃，其莫氏硬度达 8.2，抗折强度为 15.5MPa，耐磨、耐腐蚀性优越。以酸洗硼镁渣为主要原料也制得了以透辉石和透辉石与钙长石固溶体 $Ca(Mg,Al)(Si,Al)O_6$ 为主晶相的矿渣微晶玻璃，由于同时含有几种晶相，使得其晶相细小均匀，无微裂纹产生，固溶体的形成增强了玻璃的强度，它是性能良好的建筑饰面装饰材料，矿渣用量达 60%。

1.2.2.3 含铁辉石类矿渣微晶玻璃

含铁辉石类矿渣微晶玻璃的主晶相为 $Ca(Mg,Fe)Si_2O_6-Ca(Mg,Na,Al)Si_2O_6$ 固溶体或 $Ca(Mg,Fe)Si_2O_6-CaFeSi_2O_6$ 固溶体。

许多矿渣，如钢渣、有色金属或黑色金属的选矿尾砂，铁的含量相当高（$w(FeO)+w(Fe_2O_3)>10\%$），如表 1-2 所示。由于其铁含量高，制备的微晶玻璃颜色深，使其应用范围受到了限制。从另一方面看，富铁矿渣微晶玻璃具有大理石般的柔和感，不易破损，耐酸碱侵蚀，正受到研究者的关注。如何以较低的成本生产浅颜色的微晶玻璃也是一个需要解决的难题。表 1-2 所示的钢渣在 $CaO-MgO-SiO_2$ 系统制得了以单斜晶辉石为主晶相的矿渣微晶玻璃。玻璃组成（质量分数）范围大致为：SiO_2 40%～60%、CaO 10%～20%、MgO 6.6%～11.5%、$FeO + Fe_2O_3$ 4.2%～13%，其耐磨性、耐热性及机械强度都很好。

表1-2　钢渣的组成（w）　　　　　（%）

组成	SiO_2	CaO	MgO	Al_2O_3	$FeO + Fe_2O_3$	MnO
钢渣	25～30	20～27	10～17	3～5	15～23	8～10

另外，陈一鹏、王玉琴[8]对钢渣微晶玻璃进行了研究和分析，他们设计的钢渣微晶玻璃与国内外矿渣微晶玻璃的技术指标见表1-3。

表1-3　设计的钢渣微晶玻璃与国内外矿渣微晶玻璃的技术指标

性能指标		设计微晶玻璃	国内先进数据	国外数据
抗压强度/MPa		880	802	210（英），650（苏）
抗冲击强度/kJ·m^{-2}		2.6	3.9	3～4
显微硬度/MPa		7257	7453	7865
耐磨度/g·cm^{-2}		0.057	0.2	0.02
耐酸性 /%	H_2SO_4 20%	98.54	96～98	
	H_2SO_4 6%～98%	99.43	99.5～99.7	99.15～99.90
耐碱性 /%	NaOH 20%	98.90		73～82（NaOH 35%）
	NaOH 98%	98.10		
主晶相		透辉石	辉石、硅灰石	硅灰石、方石英（日）
析晶温度范围/℃		720～900	700～1250	
线膨胀系数/×10^{-6}K^{-1}		9.81（20～800℃）	9.63（800℃）	8.6～9.8（100～600℃）
体积电阻率/Ω·cm^{-1}		9.4×10^{11}	2.4×10^{13}	
介电常数/F·m^{-1}		1.3～8.05	7.9～8.3	
软化点/℃		980		950（苏），695～735（日）

1.2.2.4 镁橄榄石类微晶玻璃

镁橄榄石类微晶玻璃的主晶相为镁橄榄石 Mg_2SiO_2。镁橄榄石具有较强的耐酸碱腐蚀性、良好的电绝缘性、较高的机械强度和由中等到较低的热膨胀系数等优越性能，基本系统是 $MgO\text{-}Al_2O_3\text{-}SiO_2$。在 $MgO\text{-}Al_2O_3\text{-}SiO_2$ 系统中，一定组成的玻璃经过正确的热处理，也可以像 $CaO\text{-}Al_2O_3\text{-}SiO_2$ 系统那样，获得具有天然大理石外观的材料。以镁橄榄石为主晶相，基础玻璃组成（质量分数）范围为：SiO_2 45%~68%、Al_2O_3 14%~25%、MgO 8%~16%、ZnO 0~10%、Na_2O 10%~22%，成型温度低于 $CaO\text{-}Al_2O_3\text{-}SiO_2$ 系统，适合于工业性大规模生产。制品的耐酸碱性、抗弯强度、硬度、抗冻性等均比天然大理石和花岗岩优越。加入适量的着色剂，如 CuO、NiO、CdO、Fe_2O_3 等，可以制得各种颜色的微晶玻璃大理石。

1.2.2.5 长石类矿渣微晶玻璃

钙长石和钙黄长石也是矿渣微晶玻璃中常有的晶相。以炼钢矿渣制得以下组成的矿渣微晶玻璃（质量分数）：SiO_2 40.2%~46.2%、Al_2O_3 37.5%~9.1%、CaO 38.7%、MgO 3.7%~7.7%、Fe_2O_3 0.2%~0.3%、MnO 0.3%~0.8%、R_2O 1.0%~5.0%、ZnO 2%~6%、S 0.4%~1.0%，主晶相是以黄长石为基础的固溶体。

1.3 矿渣微晶玻璃的发展概况

1.3.1 国外发展概况

矿渣微晶玻璃于 20 世纪 60 年代由苏联在实验室条件下首先研制成功，并生产出可满足工业和建筑需要的微晶玻璃制品。此时采用的矿渣主要为高炉渣，成型方法以压延法和压制法为主，并对以硫化物和氟化物为晶核剂的作用和原理进行了深入的研究。

早在 20 世纪 60 年代，苏联就首先在世界上建成了年产 50 万平方米压延高炉渣微晶玻璃的生产线，随后又建设了若干条生产线，几十年来生产了大量的微晶玻璃产品，广泛应用于莫斯科经济成就展览馆等大型公用建筑的装修上和工业设备上。

20 世纪 70 年代，美国、日本、英国等国家也对矿渣进行了研究开发，并实现了炉渣微晶玻璃的工业化生产。此后，各国材料科学家在不同类型炉渣对玻璃制备、晶核剂选择及玻璃结晶能力的影响等方面进行了探索。在晶核剂的选择方面开始着重使用氧化物作晶核剂，如 ZrO_2、P_2O_5、ZnO、Cr_2O_3、TiO_2、MnO 及磁铁矿等都被用作晶核剂，复合晶核剂也开始得到研究和应用。1974 年，日本以不同于传统玻璃生产的新方法——烧结法生产出新型微晶玻璃大理石，此方法扩大了微晶玻璃基础组成的选择范围，使微晶玻璃产品更加多样化。

2007 年，川岛康之、后藤直雪发明了微晶玻璃以及微晶玻璃的制造方法。该发明中提供一种微晶玻璃及其制造方法，其在 SiO_2-Al_2O_3 系或 Li_2O-Al_2O_3-SiO_2 系的微晶玻璃中，可消除生产大型尺寸的成形品时发生裂纹、破坏的原因，使制品内部均匀且生产高效、稳定。对基础玻璃进行差热分析所得到的结晶峰温度宽度为 22℃，添加 TiO_2 与 ZrO_2 成分的总量为 3.0%，可得到所期望的微晶玻璃。

1.3.2 国内发展概况

我国于 20 世纪 70 年代初开始跟踪苏联矿渣微晶玻璃的技术发展，在实验室进行了大量的研究工作，并于 1977 年在湖南湘潭建设了一条小型生产线。由于研究与开发的深度不够、资金不足，该线未能延续运行下去。直到我国改革开放以后的 80 年代后期，矿渣微晶玻璃的开发才重新启动。90 年代初，滁州、无锡、邢台和南召等地采用压延法生产微晶玻璃板的生产线也相继建成并投入调试，均因为技术不成熟而中断生产。从 1990 年开始，西北轻工业学院先后对陕西省两地金矿尾砂、山西铝矿赤泥、贵州磷矿水渣、陕西电厂粉煤灰、山西高炉渣、河南煤矸石和福建高岭土等进行矿渣微晶玻璃产品的研究与开发工作，获得了一系列研究成果。

由于国内对矿渣微晶玻璃的研究起步较晚，直到 20 世纪 80 年代末至 90 年代初才在全国掀起研制、开发、试生产的热潮，主要以清华大学、中国科学院上海硅酸盐研究所、秦皇岛玻璃工业研究设计院、晶牛微晶集团、武汉理工大学、西北轻工业学院以及蚌埠玻璃工业设计研究院等为龙头。最早，国内已经由安徽琅琊山铜矿微晶玻璃厂、晶牛微晶集团、宜春微晶玻璃厂、大唐装饰材料有限公司、河南新郑艺通建材公司等单位研制开发出各类微晶玻璃，这些微晶玻璃生产厂主要以高炉矿渣、铜矿尾渣、磷矿渣、粉煤灰、钨矿尾砂和高炉渣等固体废弃物为原料。在随后的 20 多年里，对矿渣微晶玻璃的原料选择、晶核剂应用、热处理制度、成型方法、玻璃分相以及玻璃成分、结构、性能的关系做了大量研究，各种各样的炉渣、粉煤灰、金属尾矿等都被用来研制微晶玻璃。据悉，我国最大的钢铁集团上海宝钢集团新材料公司正在为年排量数万吨的水淬钢渣立项，并且积极与上海市"三玻"行业协会玻璃专家组的有关专家研讨寻求开发生产矿渣微晶玻璃的最佳工艺和途径，以期尽早实现炉渣微晶玻璃的工业化生产。

2006 年，桂林迪华特种玻璃有限公司发明了一次成型制备微晶玻璃的方法。该方法包括配合料制备、玻璃熔融、浮法玻璃法成型和采用阶梯式温度结晶化处理四个步骤。采用该发明方法生产微晶玻璃可以一次成型，在保证所制备的微晶玻璃表面平滑光洁的同时去掉了现有技术中的研磨工艺，大大降低了生产成本，产品成品率高，而且解决了污染问题，对于环境保护有重大意义。

晶牛微晶集团是我国最早采用压延法生产矿渣微晶玻璃的主要企业。目前采用先进浮法工艺生产的透明航天微晶玻璃，于 2008 年在包头晶牛高科工业园试产成功。据介绍，采用浮法工艺生产透明航天微晶玻璃与采用传统的压延工艺相比，减少了损耗。该产品具有热不涨、冷不缩、不导电、不导热、只导磁的特性，可承受接近 - 100℃ 的低温和 1000℃ 的高温，并有可透光透视特性，是航天航空、防火建筑等领域的新型材料。

上海市"三玻"行业协会玻璃专家组的有关专家指出，在我国 2010 年远景规划中，微晶玻璃被规划为国家综合利用行动的战略发展重点和环保治理重点。我国对矿渣微晶玻璃的研究，自 1990 年以来进入了一个高峰期。相反，国外对微晶玻璃的研究在 20 世纪 70 ~ 80 年代达到高峰以后，步伐有所放缓。我国与国外在矿渣微晶玻璃研究上的差距，主要体现在矿渣微晶玻璃的工业化生产。我国目前在工业化生产上正在继续做出大量的探索。采用工业废渣或有关矿山尾矿作为原料制造的矿渣微晶玻璃，不但性能优异、价格便宜、用途广泛，而且在"三废"利用、合理使用天然资源以及综合治理环境污染等方面具有重要意义，因而越来越受到重视。矿渣微晶玻璃在工业与民用建筑领域用作装饰材料，在国内外已得到广泛地推广和应用。它不但有着优异的耐磨性能，而且在光泽度、耐候性、耐化学性以及耐冲击性等方面均优于天然石材和高档墙地砖，是目前公认的一种较好的可替代天然花岗岩和高档墙地砖的新型优质建筑装饰材料。据报道，在欧美发达国家和俄罗斯，微晶玻璃在建筑装饰和工业防腐耐磨方面已广泛应用。

2008 年，阜康投产的微晶玻璃成为当地建筑材料"新宠"。阜康生产的微晶玻璃其特别之处在于，它由可可托海尾矿的固体废渣和阜康重化工业园区的冶金炉渣、粉煤灰、煤矸石烧结而成，这种利用二次资源打造的产品比陶瓷亮度高，比玻璃韧性强，是民用建筑和电子、机械工业应用中的高档材料。据悉，这种微晶玻璃已在新疆锦泰微晶材料责任有限公司实现批量生产。

前不久，晶牛微晶集团还一举成功研制开发出填补国内空白的高科技新品晶核薄壁管。该产品可用于钢铁、煤炭、电力等行业的管道内衬、喷煤管、物料输送管等所有耐磨、耐高温的管道。

蒋伟锋[9]以高比例高炉渣（高炉渣占 45% ~ 50%）为主，添加廉价的硅砂、长石、萤石、纯碱等原料，以 $CaO-Al_2O_3-MgO-SiO_2$ 系玻璃为基础，利用熔融法制备了以硅灰石为主晶相，以钙铝黄长石、镁黄长石、辉石为次晶相的琥珀色和玉白色两种矿渣微晶玻璃。刘洋、肖汉宁[10]采用熔融法制备了 $CaO(MgO)-Al_2O_3-SiO_2$ 系高炉矿渣微晶玻璃，实验结果表明，当高炉渣加入量为 45% 时，主晶相为普通灰石（$CaSiO_3$）和透辉石 $CaMg(SiO_3)_2$，材料结构均匀致密，性能良好。

徐晓虹、钟文波、吴建锋等[11]以铝工业固体废弃物赤泥、粉煤灰、煤矸石等为主要原料，制备了装饰材料用微晶玻璃，并探讨了微晶玻璃的热处理工艺制度及晶核剂对核化、晶化的影响。该研究采用烧结法制备微晶玻璃，制备出添加晶核剂及不添加晶核剂两个系列的样品。

裴立宅、肖汉宁[12]以 CaO-Al_2O_3-SiO_2 系为基础玻璃成分，以钢铁工业废渣和天然矿物为主要原料，用熔融法制备了微晶玻璃。其主晶相为普通辉石 $Ca(Mg, Fe, Al)(Si, Al)_2O_6$ 和透辉石 $CaMg(SiO_3)_2$，密度达到 $3.02g/cm^3$，吸水率小于 0.04%，抗弯强度可达 250MPa。

1.4　矿渣微晶玻璃主要生产工艺

冶金炉渣微晶玻璃的制备工艺主要包括熔融法和烧结法。

熔融法制备微晶玻璃的工艺流程一般为：配料→熔制→成型→热切割→晶化→加工。根据热处理制度的不同，熔融法可分为传统二步法和改良一步法生产工艺。其主要优点是可采用多种玻璃成型方法，适合制备形状复杂、尺寸精确的制品，并且制品致密、无气孔。其缺点是熔制温度过高，最高可达 1600℃。由于独特的工艺及制品优良的性能，各国材料工作者对该法的研究仍然十分活跃[13~15]。

烧结法是利用玻璃粉末产生颗粒黏结，然后经过物质迁移，使物质在加热条件下自发地填充颗粒间隙，从而致密化的过程。烧结的驱动力是粉末或颗粒物料表面能大于多晶烧结体的晶界能。烧结法可分为熔融水淬烧结法和直接烧结法。常采用熔融水淬烧结法来生产微晶玻璃，我国对此项技术进行了大量研究[16~18]。熔融水淬烧结法的一般工艺流程为：配料→熔制→淬冷→粉碎→成型→晶化、烧结→加工。与熔融法相比，该法具有烧结温度低、产品质量易控制的特点。其主要缺点是熔制玻璃粒料与晶化需分两次烧成，能耗高，相对于熔融法，产品致密度较低。直接烧结法是采用陶瓷的制作方法，将玻璃粉末冷压成型后进行烧结致密而制得微晶玻璃。其工艺为：配料→粉末混合→成型→晶化、烧结→加工。直接烧结法具有制备工艺简单、一次烧成、能耗低的特点，近年来逐渐吸引材料科技工作者的关注[19]。

1.4.1　熔化和热处理传统二步法

微晶玻璃的结晶过程一般包括两个步骤，即晶核的形成和晶体的长大。因此传统的热处理方法是分两步进行的，即核化和晶化阶段，如图 1-1 所示。

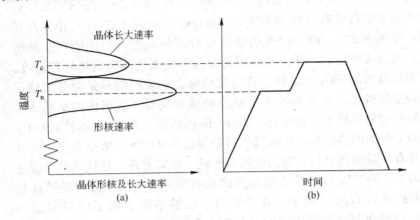

图 1-1 二步热处理制度曲线

（a）由形核速率和晶体长大速率确定热处理温度；（b）核化和晶化二步热处理

T_c—晶化温度；T_n—核化温度

由于玻璃处于热力学不稳定状态，其内能高于相应的结晶态，从玻璃态转变为结晶态必然要放出能量，所以可以利用差热分析中放热峰的位置和放热效应的大小来确定晶化温度。核化温度一般比玻璃软化温度（吸热峰温度）高出 20~30℃，这样才可提高成核速度，因为偏低的成核温度会增大玻璃的黏度，降低成核速度。另外，在核化阶段也要注意保温时间的控制，如果核化时间过短，没有形成足够的晶核，则无论晶化时间多长，也只能产生表面晶化或部分晶化。晶化温度一般取晶体生长的放热峰温度，认为在此温度下晶体生长速度最快。

高炉渣主要由 CaO、SiO_2、MgO 和 Al_2O_3 组成，其次要组分有 MnO、Fe_2O_3 和 S。20 世纪 60 年代后期，英国钢铁协会进行了高炉渣微晶玻璃商业化生产试验，所生产的微晶玻璃被称为"炉渣陶瓷"（Slagceram），其生产采用了传统的二步热处理工艺。大约在同时期，苏联开发了一种类似的被称为"炉渣微晶玻璃"（Slagsitall）的材料[20]。近年来有人就渣中添加形核剂的影响进行了研究，采用二步热处理和添加氧化钛的方法生产出一种性能良好的微晶玻璃[13]，详

细论述 TiO_2 作为炉渣微晶玻璃形核剂是一件令人感兴趣的事情。通常冶金渣中都含有少量的 TiO_2，Ovecoglu[21] 研究了将 TiO_2 作为晶核剂，分别以 2%、3% 和 5% 的质量百分比加入混合料中所产生的影响。像许多研究者一样，其采用热分析方法来选择确定热处理制度，对于没有添加 TiO_2 的试样，浅的放热峰表明表面结晶是微晶玻璃形成的主要机理；加入 TiO_2 后，放热峰变得明显，表明体内结晶成为主要机理并导致了晶粒细化。Ovecoglu 还研究了 725℃ 的形核和 950~1100℃ 范围内的结晶，在较低的结晶温度 950℃ 下，结晶不完全，并且只有少量的钙黄长石和镁硅钙石形成。研究发现，最优结晶温度是1100℃，并且以 TiO_2 作为添加剂的矿渣微晶玻璃的主晶相是钙黄长石和镁黄长石的固溶体。其后的力学试验结果表明了结晶温度和 TiO_2 含量对制品性能的影响。对于含 5% TiO_2 及经 1100℃ 热处理所生产的微晶玻璃，其努普硬度（1040kg/mm^2）、断裂韧性（5.2MPa·m$^{1/2}$）、弯曲强度（340MPa）均优于含 3% TiO_2、在 1100℃ 结晶和含 5% TiO_2、在 950℃ 结晶的微晶玻璃试样[21]。同时，也观察到随着晶核剂数量的增加，微晶玻璃材料的磨损率似乎减小。

　　另一个以 TiO_2 作为晶核剂的矿渣微晶玻璃的例子来自 Gomes[22] 等的研究。用炉渣、石灰石、沙子、铝土矿和钛铁矿混合物作为原料，经过传统的熔化和热处理方法生产微晶玻璃。研究者没有说明混合料中各种组分的精确配比，但是要求将炉渣作为主要成分。沙子用以增加 SiO_2 含量，通过加入石灰石和铝土矿来提高 CaO 和 Al_2O_3 含量，钛铁矿用于添加 TiO_2 晶核剂。通过微观结构和热分析，研究者分别选择 720℃ 和 883℃ 作为形核和结晶温度，并且要求经热处理产生体内结晶。主晶相是透辉石和斜辉石，它们都属于辉石类固溶体，且均匀分布于玻璃基体中。Ferreira[23] 等对另一种炉渣，即碱性氧气转炉渣进行了试验，生产了具有良好物理和化学性能及外观诱人的玻璃和微晶玻璃。将碱性氧气转炉渣、沙子和 Na_2O 按照不同的配比混合后放入 Al_2O_3/ZrO_2 坩埚中，在 1400~1450℃ 范围内熔化 1h 制得基础玻璃。最佳配料是 60% 的炉渣、35% 的沙子和 5% 的 Na_2O，其玻璃形成能力较强，并具有很强的放热峰及呈现出体内结晶特征。将该成分试样于 660℃ 形核，在 775℃ 进行等温结晶热处理，发现 775℃ 热处理 5min 后析出斜辉石主晶相，但是结晶 50min 后观察到了第二个晶相钙硅石。微晶玻璃试样的弯曲强度（136MPa）高于典型的大理石（5MPa）和钠钙硅酸盐玻璃（50MPa），表明将其用作地板瓷砖和其他建筑材料的可行性。

Fredericci[24]等用高炉渣生产了一种微晶玻璃，并且应用表面与体内结晶机理对热处理过程中玻璃的结晶能力进行了研究。研究发现，只有当 Pt_3Fe 存在时体内结晶才有可能，这是炉渣熔化期间与铂坩埚反应所形成的一种化合物。或因为 Pt_3Fe 是一种劣质晶核剂，或因为其含量不足，不同粒度玻璃粉末的 DSC 曲线表明，随着粒度尺寸的增加，结晶峰峰值温度升高，这说明体内结晶不显著，而表面结晶是主要的结晶方式。

到目前为止，其他微晶玻璃体系也受到了关注，El-Alaily[25]对硅酸锂玻璃及由加入添加剂的高炉渣所制备的微晶玻璃的基本物理化学性质进行了研究。研究的基础是将 Li_2O 和 SiO_2 以 1∶4 的比例与最多 35% 的高炉渣混合。据记录，将 30% 的 Li_2O 加入到 SiO_2 中，液相线温度可由 1713℃ 降到 1030℃。因此，El-Alaily 将含有高炉渣的混合料在 1350℃ 下熔化，这比前面所讨论体系的熔化温度低 100℃ 甚至更多。热处理制度为：500℃ 下保温 1h，然后于 850℃ 下再保温 1h，以完成结晶。令人惊奇的是，微晶玻璃的硬度小于其母体玻璃，这是因为晶体内存在显微裂缝，尽管原文没有清楚地表明显微裂缝是出现在结晶过程中还是出现在结晶后的冷却过程中。

1.4.2 熔化和热处理改良一步法

20 世纪 80 年代，英国帝国学院通过简化结晶所需的热处理工艺来降低炉渣微晶玻璃的生产成本，其产品被称为"斯尔陶瓷"（Silceram）[26]。在此将对该工艺进行详细讨论。将高炉渣与不超过 30% 的煤矸石和少量的纯氧化物组分混合来调整试样组成，典型的斯尔陶瓷试样基础玻璃成分（质量分数）为：SiO_2 48.3%、TiO_2 0.6%、Al_2O_3 13.3%、Cr_2O_3 0.8%、Fe_2O_3 4.0%、MnO 0.4%、MgO 5.7%、CaO 24.7%、Na_2O 1.2%、K_2O 1.1%。其中 Cr_2O_3 和 Fe_2O_3 作为晶核剂，其含量具有特殊意义。虽然其中任何一种氧化物都可以单独作为晶核剂，但两者共同存在时具有相互促进作用。这些氧化物促进了微小尖晶石晶体的形成，尖晶石进而又对主晶相辉石的结晶起到形核场所的作用。

当 Cr_2O_3 单独使用时，被称为初晶核的尖晶石（$MgCr_2O_4$）在1350℃左右一个较窄的温度范围内形成。当 Cr_2O_3 和 Fe_2O_3 共同使用时，也可形成初晶核。

此外，还可形成第二相晶核，第二相晶核形成的温度范围是850～1150℃，如图1-2(a)所示，950℃下的形核速率最大。图1-2最重要的特点是晶体长大速率曲线与第二相形核速率曲线重叠，因此，可以通过改良的传统方法（一步法），在单一热处理温度下成功实现形核与晶体长大。其主晶相为成分接近于透辉石的辉石，热处理时间过长时，也会出现少量的钙长石[27]。由于成分和热处理参数不同，呈现不同程度的树枝状结晶。例如，由纯化学组分生产的 Silceram，其树枝状晶体要比由炉渣生产的 Silceram 显著，如图1-3 所示。

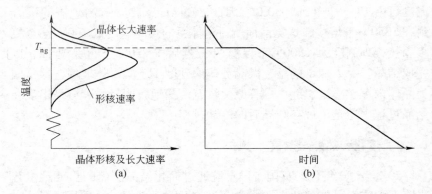

图 1-2   通过直接冷却和一步热处理工艺生产炉渣基 Silceram 微晶玻璃
（a）由第二相形核速率和晶体长大速率确定的热处理温度；（b）直接冷却热处理
T_{ng}—形核及晶体长大温度

然而纯化学组分基和炉渣基 Silceram 的性能差别并不显著，可主要用作结构材料，如制造抗热震、耐腐蚀、抗冲击、耐磨损的元件[27,28]。

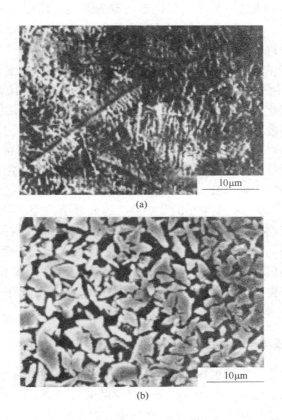

图 1-3　Silceram 显微结构

（a）纯化学组分基 Silceram 显微结构；（b）炉渣基 Silceram 显微结构

　　初步腐蚀研究表明，尽管 Silceram 的性能不及昂贵的纯度为 97.5% 的氧化铝，但其抗腐蚀性能优于许多有竞争力的抗腐蚀材料，如玄武岩铸石板、Slagsitall、纯度为 75% 的氧化铝。研究发现，随着透辉石晶体尺寸的增大，材料的抗腐蚀性能降低。但 Silceram 的抗磨损性能对其微观结构不敏感，材料性能对微观结构的不敏感性是有益的，因为这意味着在由废弃物大规模生产微晶玻璃的过程中，可能出现的任何微观结构的变化不会影响到材料的性能。

　　此外，还使用气枪以高达 300m/s 的速度对 Silceram 的弹道阻力进行了研究，发现其性能与氧化铝及专为弹道应用而开发的 LZ16 微晶玻璃相当。鉴于此令人鼓舞的研究结果，对以 Silceram 作正面材料的复合装甲进行了田间试验，用 5.56mm 的球以 600~1000m/s 的速度运动，装甲被击穿的临界速度为 660m/s，其值略逊色于精密制造的"氧化铝-凯夫拉尔"复合装甲系统。上述用于田间试验的装甲系统是未经优化的，并且研究者认为，减小 Silceram 正面层厚度、增加背面压层厚度将会使装甲系统的性能得到进一步改善。

Francis[29] 报道了近年来在应用一步热处理方法制备炉渣微晶玻璃方面所做的工作，由差热分析（DTA）数据可以确定其热处理温度范围为 900~1100℃。DTA 曲线上大约在 1010℃有一明显的放热峰，在 900℃左右有一微小的放热峰，这些峰值温度对颗粒尺寸不敏感，表明是体内结晶。微晶玻璃的主晶相有钙黄长石、透辉石和 $BaAl_2Si_2O_8$，钙黄长石和 $BaAl_2Si_2O_8$ 趋于针状或棒状，而透辉石呈树枝状。微晶玻璃在泥浆中的抗腐蚀性有相关报道，其在 10% 的 NaOH 溶液中具有良好的耐化学侵蚀性，但在 10% 的 HCl 溶液中抗侵蚀性不佳。

1.4.3 直接冷却一步法

直接冷却一步法也称 Petrurgic 法，该热处理方法与一步热处理法类似，不同之处在于 Petrurgic 法是将熔融的玻璃液直接通过可控的缓慢降温，使之冷却到 T_{NG} 温度，在冷却过程中使晶核形成和晶体生长同时进行。若采用这种方法，高温液态炉渣就可直接作为一种原料，利用其物理热来生产微晶玻璃，不但能降低微晶玻璃的生产成本，而且可有效利用液态炉渣的显热，具有良好的经济效益和很高的社会价值。

图 1-2(a) 表明，将浇注成型后的基础玻璃由高温冷却到热处理温度，而不是重新加热基础玻璃到 950℃是可行的。图 1-2(b) 示出这一热处理制度，并对这种特殊方法进行了分析。据估计，与传统的二步热处理工艺相比，通过控制冷却并于 950℃保温，将会节约 60% 的能量。因此，把微晶玻璃生产厂建在钢厂内部，以便将熔融炉渣直接作为生产原料，可获得显著的节能效果。

1.4.4 粉末技术与烧结法

尽管在矿渣基础玻璃中可以实现体内形核已得到证实，但人们也对表面形核起重要作用的粉末制造微晶玻璃的方法进行了研究。图1-4 示出在颗粒表面形核的连续结晶层，且内部也有个别晶粒出现，它们是通过体内形核产生的，像 Silceram 材料那样。冷压-烧结-结晶处理工艺以及热压工艺已经被用于制备 Silceram 微晶玻璃，其主晶相是透辉石，与传统方法生产的微晶玻璃中出现的透辉石一样，只是钙长石也呈明显增加的趋势。

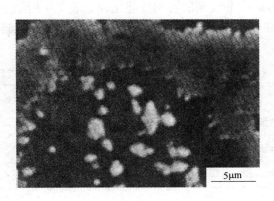

图 1-4 烧结法 Silceram 微晶玻璃中的表面与体内结晶 SEM 图

近年来出现一些研究采用烧结法生产矿渣微晶玻璃的文献，Cim-dins[30]等以冶金渣为主要原料，将其与煤灰、黏土（SiO_2 来源）和其他玻璃原料混合制备微晶玻璃。黏土的加入降低了烧结温度，并可使微晶玻璃产品的密度维持在大约 $3g/cm^3$。研究发现，适合的烧结温度是 $1100 \sim 1180℃$，具体取决于初始配料成分。SiO_2（60.6%）和 Al_2O_3（17.9%）含量较高的微晶玻璃试样具有较好的性能，其配料为：煤灰 15%、冶金渣 55% 和黏土 30%，抗弯强度达到 96MPa，且在烧结过程中收缩率较低。该微晶玻璃在 0.1mol/L 的 HCl 溶液中的耐化学侵蚀性能优于不加黏土的试样。Dana[31]等采用烧结法制备了两个微晶玻璃地板砖试样，其配料为黏土、长石和钢渣（钢渣配比分别为 20% 和 30%）。研究表明，该试样的力学性能优于同类商品，且热膨胀系数与同类商品相近。在 1060 ~ 1180℃ 温度范围内加压烧结 30min，发现在较高温度下可获得致密的试样。在 1180℃ 下烧结可以获得最高的杨氏模量和最佳的吸水阻力，与商业地砖规定相符；而在 1160℃ 下烧结则可使产品获得稍好的抗弯强度。总之，随着炉渣含量增加，微晶玻璃制品的力学性能变差，表明当用炉渣取代价格昂贵的长石时，在产品成本与强度之间有一个权衡。

如上所述，热压可以用来生产致密的炉渣微晶玻璃。热压微晶玻璃的力学性能优于传统方法和冷压方法所生产的微晶玻璃。不同方法生产的 Silceram 微晶玻璃的力学性能比较如表 1-4 所示。然而研究热压微晶玻璃的好处在于，可为微晶玻璃基复合材料的制造提供基础知识。

表 1-4   不同方法生产的 Silceram 微晶玻璃的力学性能比较

生 产 方 法	断裂韧性 $K_{IC}/MPa \cdot m^{1/2}$	抗弯强度/MPa
改良传统方法	2.1	174
热压（940℃，90min）	3.0	186
热压（900℃，120min）	2.2	262
冷 压	1.4	90

1.4.5　矿渣微晶玻璃基复合材料

人们已经对纤维强化和颗粒强化的 Silceram 微晶玻璃基复合材料进行了研究，为了将材料成本降到最低，研究的重点放在后者[32,33]。研究发现，颗粒强化提高了强度，但是对韧性的影响可忽略不计。同时，也对不同 Silceram 基复合材料的抗热震性和抗腐蚀性进行了研究[34]。Silceram 的热膨胀系数太高，而热传导系数太低。在制备和使用过程中如果作为抗热震材料，仍不得不考虑其耐热震性能。测定抗热震性的标准方法是：将试样在已知的高温下保温后迅速放入水中淬火，然后测定其残余强度。图 1-5 中以这种方法得到的数据证明，复合材料残余强度下降发生在一个温度范围内，此温度范围比用改良一步法制得的大块微晶玻璃的温度范围约高100℃。

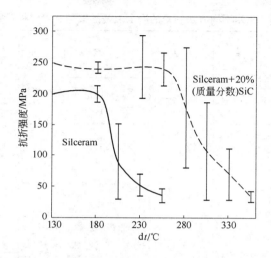

图 1-5　颗粒强化复合材料与大块热压微晶玻璃的抗热震性比较

　　Silceram 是作为抗磨损和抗腐蚀材料而开发的，确定颗粒强化是否会影响抗腐蚀性具有重要意义。将 3 种尺寸的 TiC 颗粒加入到 Silceram 中，使其体积分数在 10%～30% 范围内变化，将复合材料的抗腐蚀性与热压法制备的大块 Silceram 比较，腐蚀出现在侧面裂缝处，TiC 颗粒并没有起作用，因为它们很容易与微晶玻璃基体碎片一同被腐蚀掉。尺寸大于侧面裂缝深度的强化颗粒比较有用，因为它们凸出于腐蚀表面之外。不考虑 TiC 颗粒尺寸，强化剂体积分数越高，则腐蚀率越低[26]。

　　在氧化铝片强化微晶玻璃复合材料方面的研究也取得了一定进展。微晶玻璃由钢渣和拉脱维亚粉煤灰制得[35]，采用 1065℃下的单轴压和无压烧结法制备了微晶玻璃复合材料，其密度高于理论密度的 90%，并且具有合适的断裂强度（97MPa），但硬度较低（4.7GPa）。正如加入小片金属强化玻璃那样，加入体积分数为 30% 的氧化铝片，显著改善了复合材料的断裂韧性（1.92MPa·$m^{1/2}$），其值超过了未经强化的硅酸盐基体（0.77MPa·$m^{1/2}$）。因此，复合材料具有较高的硬度和断裂韧性，研究者建议其可用作建筑和结构材料以及高性能的瓷砖和机床。表1-5概括了冶金渣微晶玻璃及复合材料的性能。

表1-5 采用不同方法制备的冶金渣微晶玻璃及复合材料的性能

配料(w)/%	方 法	主 晶 相	密度 /g·cm^{-3}	抗弯强度 /MPa
高炉渣 + 5% TiO$_2$	传 统	黄长石固溶体,即钙黄长石与镁黄长石	2.877	340
60% 转炉渣 + 35% 沙子 + 5% Na$_2$O	传 统	斜辉石和钙硅石	3.300	136 ± 14
全部高炉渣	传 统	黄长石和斜硅钙石 (Ca$_2$SiO$_4$)		69 ± 9
80% (SiO$_2$ + Li$_2$O,两者比例为4:1) + 20% 高炉渣	传 统	锂硅酸盐 (Li$_2$O·2SiO$_2$)、锂硅铝酸盐 (Li$_2$AlSi$_3$O$_8$)和钙硅石	3.408	
Silceram(即高炉渣基微晶玻璃)	粉末技术/烧结	透辉石	2.900	180
15% 煤灰 + 55% 钢渣 + 30% 黏土	粉末技术/烧结		3.040	96
45% 黏土 + 35% 长石 + 20% 冶金渣	粉末技术/烧结	石英和长石	2.300	56.6
10% ~30% 钢厂粉煤灰 + 煤灰 70% ~ 90% (含有 20% Al$_2$O$_3$ 片)	粉末技术/烧结	玻璃基(石英、透辉石和斜辉石)、锌铁尖晶石(Zn-Fe$_2$O$_4$)和氧化铝片	2.920	97

1.5 添加剂对微晶玻璃结晶性能的影响

微晶玻璃又称玻璃陶瓷(glass-ceramics)或结晶化玻璃(crystalline glass),它是通过加入晶核剂或表面诱导等方法,经热处理在玻璃中形成晶核,再使晶核长大而形成的玻璃与晶体共存的均匀多晶体材料。其性质由晶相的矿物组成和玻璃相的化学组成以及它们的数量来决定，因而集中了两者的特点，具有较低的热膨胀系数，较高的机械强度，显著的耐腐蚀、抗风化能力，良好的抗热震性能。在制备过程中，晶核剂对微晶玻璃的析晶、微观结构及性能都有很大的影响[36~38]。但不同的基础玻璃组成相差很大，加入的晶核剂种类和浓度也不完全一样。晶核剂的选择不仅与基础玻璃的化学成分有关，也与期望析出的晶相种类有关，正确选择晶核剂对微晶玻璃的结晶过程具有相当重要的意义[39~41]。以往的研究表明，向基础玻璃配方中分别外加一定量的 TiO_2、ZrO_2、Cr_2O_3、ZnO、SiC、Fe_2O_3、P_2O_5、V_2O_5 以及 CaF_2 作晶核剂，可以得到多种微晶玻璃的配方。

此外，一些研究者还就玻璃中某些特殊组分对微晶玻璃析晶性能的影响进行了系统研究，本书也在此加以分析概括，以便于更多研究者参阅和应用。

1.5.1 CaF_2 对微晶玻璃析晶的影响

杨超等[42]以废碎建筑玻璃为主要基础原料，研究了分析纯 CaF_2 作为晶核剂，其不同添加量对微晶玻璃显微结构和性能的影响，确定了最佳掺入量。分析表明，CaF_2 的添加有利于玻璃晶相的析出，这主要是由于 F^- 的半径（0.136nm）与 O^{2-} 的半径（0.140nm）非常接近，F^- 很容易取代玻璃网络中的 O^{2-}。根据电价平衡规则，两个 F^- 可以取代一个 O^{2-}，并作为"非桥氧"存在于网络中，从而产生如下结构转变：

$$(\equiv Si\!-\!O\!-\!Si \equiv) + 2F^- =\!=\!= 2(\equiv Si\!-\!F) + O^{2-}$$

网络的断裂降低了玻璃黏度，削弱了钠钙硅酸盐玻璃的结构，微晶化处理时，氟先从熔体中析出，为晶体的析出提供了成核位，导致析晶。研究结果表明，虽然微量的 CaF_2 会促进玻璃的析晶，但当 CaF_2 的添加量超过玻璃的溶解量时，过量的 CaF_2 作为杂质存在，会对材料的抗折强度产生不利影响。因此，从玻璃的结晶性能和抗折强度来考虑，最佳的 CaF_2 加入量为 4%。

彭文琴[43]对 $CaO\text{-}MgO\text{-}Al_2O_3\text{-}SiO_2$ 系微晶玻璃的研究表明，晶核剂 CaF_2 能有效促进该系统玻璃的晶化。随着 CaF_2 含量的增加，玻璃的晶化温度降低，析晶能力增强，热处理后微晶玻璃中透辉石型晶体增多，硅灰石型晶体相对减少。但对于不同晶核剂含量的微晶玻璃，经 900℃ 晶化后，其主晶相不变，均为透辉石和硅灰石。总体上来讲，对于玻璃的析晶效果，CaF_2 是一种很好的晶核剂。

1.5.2 复合晶核剂对微晶玻璃析晶的影响

田清波[44] 等采用熔融法，就复合晶核剂 Fe_2O_3、ZrO_2 及 F 对 CaO-MgO-Al_2O_3-SiO_2 系微晶玻璃析晶行为的影响进行了研究。结果表明，添加 Fe_2O_3 及 ZrO_2 的玻璃，其结晶机理仍以表面析晶为主。Fe_2O_3 的加入可促进玻璃的析晶和晶体的生长；而 ZrO_2 的作用正好相反，抑制了玻璃的析晶。在 Fe_2O_3、ZrO_2 和 F 复合添加的情况下发生了玻璃的整体析晶。可见，作为晶核剂，氟化物的作用要优于 Fe_2O_3 和 ZrO_2。

罗志伟[45] 等以 SiO_2-Al_2O_3-B_2O_3-K_2O-Li_2O 系为玻璃组成，以 P_2O_5 和 ZrO_2 为复合晶核剂，研究了玻璃的析晶行为。结果表明，添加 1.1% P_2O_5 + 1.8% ZrO_2（摩尔分数）微晶玻璃均呈现整体析晶效果。

马明生[46] 等采用熔融法，就 TiO_2 及 Cr_2O_3 对 CaO-MgO-Al_2O_3-SiO_2 系镍渣微晶玻璃结晶过程的影响进行了研究。制备基础玻璃前先对高 FeO 含量的镍渣进行了还原，以降低其中 FeO、NiO、CoO 和 CuO 的含量。结果表明，单独使用 5% TiO_2 或 2% Cr_2O_3 作晶核剂时，微晶玻璃试样主要呈现表面析晶特征；而含 2% Cr_2O_3 + 5% TiO_2 的试样则呈现出好的整体析晶效果，且具有良好的力学性能，说明在此体系中两种晶核剂具有相互促进的作用。

1.5.3 碱金属氧化物 Na_2O、K_2O 对微晶玻璃析晶的影响

程金树[47,48] 就 Na_2O 和 K_2O 对微晶玻璃装饰板烧结和析晶的影响分别进行了研究，该微晶玻璃属于 CaO-Al_2O_3-SiO_2 系统，Na_2O 是其主要成分之一，K_2O 的引入用来替代 ZnO。此研究采用烧结、晶化热处理成型工艺制取，所得的微晶玻璃是一种不含晶核剂的从表面向内

部析晶的产品。研究结果表明，随着 Na_2O 含量的增加，起始烧结温度和起始析晶温度均降低。当 Na_2O 含量在一定范围（3%～10%）内变化时，其主晶相均为硅灰石，但 Na_2O 含量增加，晶相比例明显减少。此外，Na_2O 含量的适当增加有利于降低玻璃黏度，加快烧结速度；但当 Na_2O 含量达 9.0% 时，因烧结过程中几乎始终伴随着析晶，而影响烧结速率的提高，易于产生表面气泡。引入 K_2O 替代 ZnO 的研究结果表明，K_2O 含量适当增加有利于降低玻璃黏度、起始烧结温度、起始析晶温度及摊平温度。当 K_2O 含量在一定范围内变化时，其主晶相均为硅灰石，但 K_2O 含量增加，晶相比例明显减少，微晶玻璃的抗折强度随 K_2O 含量的增加而降低。因此，适宜的 Na_2O、K_2O 含量有利于烧结和析晶，且对产品质量有重要影响。

1.5.4 稀土氧化物对微晶玻璃析晶的影响

成钧[49]等就 CeO_2 对 $CaO\text{-}Al_2O_3\text{-}SiO_2$ 系微晶玻璃烧结性能的影响进行了研究。结果表明，添加少量 CeO_2 能够降低玻璃的转变温度和析晶放热峰峰值温度，促进玻璃粉体的烧结致密化，但 CeO_2 加入量过多将会阻止玻璃的烧结和晶化，CeO_2 的最佳添加量（质量分数）为 5%。样品的热膨胀系数随氧化铈含量的增加基本呈下降趋势。其原因在于，当 CeO_2 含量较少（$w(CeO_2) \leqslant 5\%$）时，其起到网络修饰体的作用，即起到断网的作用，导致更多的非桥氧产生。此时玻璃的结构较疏松，玻璃的黏度较低，有利于离子的扩散，使得析晶活化能降低。这与 DTA 曲线上玻璃转变温度和析晶放热峰峰值温度的下降相一致。当 CeO_2 含量较高（$w(CeO_2) > 5\%$）时，稀土铈离子（Ce^{4+}）高场强、高配位引起的"积聚"作用，使得 CeO_2 起到电荷补偿的作用，导致玻璃网络结构强度增大，非桥氧减少，玻璃的稳定性增强，析晶变得困难。这与玻璃转变温度和析晶放热峰峰值温度升高现象相符。

程金树[50]采用 $CaO\text{-}MgO\text{-}SiO_2$ 系玻璃作为基质，以稀土离子 Sm^{3+}、Tb^{3+} 为激活剂，通过热处理制得了以透辉石 $CaMgSi_2O_6$ 为主晶相的发光微晶玻璃，并研究了稀土离子在微晶玻璃中的分布状态。结果表明，制得了主晶相为枝晶状透辉石的发光微晶玻璃，稀土离子的引入对晶相种类没有影响。稀土离子的分布状态为均匀分散在玻璃相与晶相中，并未出现稀土离子富集于某一相或相界面的情况，说明稀土氧化物并未起到晶核剂的作用。

罗志伟[45]等以 SiO_2-Al_2O_3-B_2O_3-K_2O-Li_2O 为玻璃组成，以 P_2O_5 和 ZrO_2 为复合晶核剂，以 Y_2O_3 为添加物，通过传统熔融法研究了 Y_2O_3 含量对玻璃析晶行为的影响。分析表明，由于 Y^{3+} 作为网络外离子具有较强的积聚作用，且主要填充于玻璃的网络空隙中，进入网络间断点位置，在网络中起修补网络间断点的作用，使玻璃的结构致密化，玻璃的析晶活化能增大。因此，随着 Y_2O_3 含量的增加，玻璃的核化温度以及析晶温度明显增加，析晶倾向显著降低。研究表明，Y_2O_3 含量的增加并不影响微晶玻璃中主晶相的组成，但对其微观结构具有明显影响。

1.6　矿渣微晶玻璃发展面临的问题及应用前景

目前，建筑装饰材料的首选仍是石材，但石材市场的发展存在着自然资源减少、石材加工过程中产生的废石对环境造成污染或花岗石材常具有放射性等问题。20 世纪 90 年代以来，随着全球性环保意识的增强，花岗岩、大理石等天然石材的开采量日趋下降，微晶玻璃板材因其具有独特的天然石材不可比拟的装饰效果和更优良的理化性能，且没有放射性，价格又低于高档石材，成为一种代替天然石材的高档建筑装饰材料，市场前景广阔。就上述产品而言，市场上以烧结法生产的微晶装饰板材仍占据首位。

有关专家指出，当前利用矿渣生产微晶玻璃面临以下主要问题：

（1）矿渣原料的成分极其复杂，对其产品性能的影响难以预见。

（2）产品合格率不稳定，优良品率较低。产品常出现很多缺陷，如色斑、色差、炸裂、气泡或变形等，难以规模化。

（3）熔窑使用寿命较短，一般只有 2～3 年，大大增加了成本。

（4）产品规格、品种、花色不能完全满足建筑装饰市场的需求。

（5）产品价格较高，家庭及个人用户尚难接受。

矿渣微晶玻璃的研究还需解决以下几个问题：

（1）扩大矿渣微晶玻璃的应用领域。目前研究的矿渣微晶玻璃大多属于 CaO-Al_2O_3-SiO_2 体系，今后需根据矿渣的实际组成选择新型体系，以制备出性能各异的微晶玻璃，扩大其应用领域。

（2）继续进行矿渣微晶玻璃的基础理论研究，包括深入彻底地研究各种组分对烧结过程及晶化机理的影响、研究玻璃颗粒的尺寸及热处理工艺对矿渣微晶玻璃致密度的影响等。另外，还应加强晶核剂对矿渣微晶玻璃晶化机理影响的系统研究，引入多种易熔组分，降低玻璃的熔制温度，达到节能和工业化生产的目的。

（3）参考国外原料公司的先进做法，对各种矿渣进行分类和分级处理，使矿渣成为成分稳定、粒度分级的真正商品化的二次原料资源基地。

（4）加大复合渣微晶玻璃的深入研究，实现多种矿渣的优势互补，从而在保证微晶玻璃质量的前提下增加吃渣量。

（5）实现矿渣微晶玻璃材料设计的智能化。根据人工智能原理，结合神经网络技术和专家系统理论，建立矿渣微晶玻璃材料设计专家系统，以克服传统反复试验法效率低下的缺点，提高矿渣微晶玻璃材料设计的智能化水平[51]。

就矿渣微晶玻璃的巨大应用前景来说，我国矿渣微晶玻璃的工业化应用刚刚起步。其根本原因是我国目前的研究大多侧重于实验室研究，较少投入精力进行长期大量的工业化试验和试产。而在国外，一个产品从实验室研究成功到工业化生产一般要经过 3～5 年的试产，解决原料、工艺、产品性能等一系列工业化生产中可能出现的问题。最近，我国的研究人员开始重视从实验室研究到工业化生产这一中间阶段，武汉理工大学、清华大学等在烧结法生产微晶装饰板的工业化研究上取得了成功。目前，国内厂家生产的微晶玻璃装饰板的质量已达到国际先进水平，产品已应用于机场、车站、办公大楼、地铁、宾馆酒店等高档公共建筑和诸如别墅等高级住宅的建筑装饰[52]。

矿渣微晶玻璃作为高强、高档、高附加值产品，在建筑、装饰和工业上作耐磨、耐腐、耐高温、电绝缘等材料方面具有极为广阔的市场及前景[53]。工业废渣和矿业尾矿是固体废弃物的主要类型，同时又是一种巨大的潜在资源。利用各种废渣制备微晶玻璃不仅为综合治理环境开辟了一条崭新的途径，还可以产生可观的环境效益、经济效益和社会效益。因此，矿渣微晶玻璃有着广阔的发展和应用前景。

参 考 文 献

[1] Kumar S, Singh K K, Ramachandrarao P. Synthesis of cordierite from fly ash and its refractory properties[J]. Journal of Materials Science Letters, 2000, 19(14): 1263~1265.

[2] Montanaro L, Bianchini N, Rincon J MA, et al. Sintering behaviour of pressed red mud wastes from zinc hydrometallurgy[J]. Ceramics International, 2001, 27(1): 29~37.

[3] Khater G A. The use of saudi slag for the production of glass ceramic materials[J]. Ceramics International, 2002, 28(1): 59~67.

[4] Polettini A, Pomi R, Trinci L, et al. Engineering and environmental properties of thermally treated mixtures containing MSWI fly ash and low-cost additives[J]. Chemosphere, 2004, 56(10): 901~910.

[5] Andreola F, Barbieri L, Corradi A, et al. New marketable products from inorganic residues [J]. American Ceramic Society Bulletin, 2004, 83(3): 9401~9408.

[6] Loiseau P, Caurant D, Baffier N, et al. Glass ceramic nuclear waste forms obtained from SiO_2-Al_2O_3-CaO-ZrO_2-TiO_2 glasses containing lanthanides (Ce, Nd, Eu, Gd, Yb) and actinides (Th): Study of internal crystallization[J]. Journal of Nuclear Materials, 2004, 335(1): 14~32.

[7] 程金树, 李宏, 汤李缨, 等. 微晶玻璃[M]. 北京: 化学工业出版社, 2006.

[8] 陈一鹏, 王玉琴. 钢渣微晶玻璃的制造和应用[J]. 硅酸盐通报, 1987, (1): 62~66.

[9] 蒋伟锋. 高炉水渣综合利用[J]. 中国资源综合利用, 2003, (3): 28~29.

[10] 刘洋, 肖汉宁. 高炉渣含量与热处理制度对矿渣微晶玻璃性能的影响[J]. 陶瓷, 2003, (6): 17~19.

[11] 徐晓虹, 等. 用工业废渣赤泥研制微晶玻璃[J]. 玻璃与搪瓷, 2006, (2): 28~31.

[12] 裴立宅, 肖汉宁. 钢铁工业废渣制备玻璃陶瓷的研究[J]. 现代技术陶瓷, 2004, 15(1): 10~13.

[13] Khater G A. The use of saudi slag production of glass-ceramic materials[J]. Ceram Int, 2002, 18(1): 59.

[14] 姚强, 陆雷, 江勤. 钢渣微晶玻璃的实验研究[J]. 硅酸盐通报, 2005, 24(2): 117.

[15] 史伟莉, 袁怀雨, 马明生, 等. 镍渣制备建筑用微晶玻璃的初步研究[J]. 安全与环境学报, 2006, 6(1): 128.

[16] 吕淑珍, 余晓勤. 炉渣在微晶玻璃中的应用[J]. 中国陶瓷, 1999, 35(4): 24.

[17] 楚海林. 钢厂矿渣微晶玻璃的制造与效益分析[J]. 环境工程, 2004, 22(2): 52.

[18] 韩复兴, 路静贤, 李小雷, 等. 多种工业矿渣微晶玻璃的研制[J]. 佛山陶瓷, 2005, 15(4): 8.

[19] Dana K, Das S K. High strength ceramic floor tile compositions containing Indian metallurgical slags[J]. J Mater Sci Lett, 2003, 22(5): 387.

[20] Rawlings R D, Wu J P, Boccaccini A R. Glass-ceramics: Their production from wastes-A Review[J]. Journal of Materials Science, 2006, 41(3): 733~761.

[21] Ovecoglu M L. Microstructural characterization and physical properties of a slag-based glass-ceramic crystallized at 950 and 1100℃[J]. Journal of the European Ceramic Society, 1998, 18(2): 161~168.

[22] Gomes V, De Borba C D G, Riella H G. Production and characterization of glass ceramics from steelwork slag[J]. Journal of Materials Science, 2002, 37(12): 2581~2585.

[23] Ferreira E B, Zanotto E D. Glass and glass-ceramic from basic oxygen furnace (BOF) slag [J]. Glass Science and Technology, 2002, 75(2): 75~86.

[24] Fredericci C, Zanotto E D, Ziemath E C. Crystallization mechanism and properties of a blast furnace slag glass[J]. Journal of Non-crystalline Solids, 2000, 273(1): 64~75.

[25] EL-Alaily N A. Study of some properties of lithium silicate glass and glass ceramics containing blast furnace slag [J]. Glass Technology, 2003, 44(1): 30~35.

[26] West A R. Solid state chemistry and its applications[M]. New York: Wiley, 1984: 633.

[27] Carter S, Ponton C B, Rewlings R D, et al. Microstructure, chemistry, elastic properties and internal friction of Silceram glass-ceramics[J]. Journal of Materials Science, 1988, 23 (7): 2622~2630.

[28] Carter S, Rewlings R D, Rogers P S. Abrasion testing of glass-ceramics[J]. British Ceramic Transactions, 1993, 92(1): 31~34.

[29] Francis A A. Conversion of blast furnace slag into new glass-ceramic materia[J]. Journal of the European Ceramic Society, 2004, 24(9): 2819~2824.

[30] Cimdins R, Rozenstrauha I, Berzina L, et al. Glassceramics obtained from industrial waste [J]. Resources, Conservation and Recycling, 2000, 29(4): 285~290.

[31] Dana K, Das S K. High strength ceramic floor tile compositions containing Indian metallurgical slags[J]. Journal of Materials Science Letters, 2003, 22(5): 387~389.

[32] Kim H S, Yong J A, Rawlings R D, et al. Interfacial behaviour of fibre reinforced glass ceramic composite at elevated temperature[J]. Materials Science and Technology, 1991, 7 (2): 155~157.

[33] Rawlings R D. Glass-ceramic matrix composites[J]. Composites, 1994, 25(5): 372~379.

[34] Saewong P, Rawlings R D. Proceedings of Materials Solutions [C]//Hawk J A. Wear of Engineering Materials. Indianapolis: ASM International, 1997.

[35] Rozenstrauha I, Cimdins R, Berzina L, et al. Sintered glass-ceramic matrix composites made from Latvian silicate wastes[J]. Glass Science and Technology, 2002, 75(3): 132~139.

[36] 李秋义, 姜玉丹, 牟洪, 等. 微晶玻璃发展状况及展望[J]. 青岛建筑工程学院学报, 2004, 25(4): 100~105.

[37] 沈强，王传彬，张联盟. 微晶玻璃的种类、制备及其应用[J]. 建筑玻璃与工业玻璃，2005，(1)：15~19.

[38] 李家科，周健儿，刘欣. 微晶陶瓷的研究现状及发展趋势[J]. 中国陶瓷工业，2006，13(1)：26~28.

[39] 彭文琴，肖汉宁. 氟化物对 $CaO-Al_2O_3-SiO_2$ 系玻璃析晶行为的影响[J]. 材料开发与应用，2001，11(1)：16~17.

[40] 梁晓娟，周永强，刘海涛. 废玻璃在建筑微晶玻璃中的应用研究[J]. 中国陶瓷，2004，42(5)：92~96.

[41] 董继鹏，陈玮，罗澜. Cr_2O_3 的添加对于 $MgO-Al_2O_3-SiO_2-TiO_2$ 系统微晶玻璃析晶行为的影响[J]. 无机材料学报，2006，21(5)：23~26.

[42] 杨超，阮玉忠，曾华瑞. CaF_2 对废碎建筑玻璃制微晶玻璃析晶的影响[J]. 陶瓷学报，2009，30(1)：59~62.

[43] 彭文琴. $CaO-MgO-Al_2O_3-SiO_2$ 系微晶玻璃的研究[D]. 长沙：湖南大学，2000.

[44] 田清波，蔡元兴，岳雪涛，等. Fe_2O_3，ZrO_2 及 F 对 $CaO-MgO-Al_2O_3-SiO_2$ 系微晶玻璃析晶行为的影响[J]. 硅酸盐学报，2008，36(1)：119~121.

[45] 罗志伟，卢安贤. Y_2O_3 含量对 $SiO_2-Al_2O_3-B_2O_3-K_2O-Li_2O$ 系统微晶玻璃的析晶及性能的影响[J]. 中国有色金属学报，2009，19(7)：1264~1269.

[46] 马明生，倪文，王亚利，等. TiO_2 及 Cr_2O_3 对镍渣微晶玻璃结晶过程影响及结晶动力学[J]. 硅酸盐学报，2009，37(4)：509~615.

[47] 程金树，王怀德，赵前，等. Na_2O 对微晶玻璃装饰板烧结和析晶的影响[J]. 武汉工业大学学报，1996，18(1)：30~32.

[48] 程金树，肖子凡，谢俊. K_2O、MgO 对 $CaO-Al_2O_3-SiO_2$ 系微晶玻璃烧结及晶化的影响[C]//2009年全国玻璃科学技术年会论文集，2009.

[49] 成钧，陈国华，刘心宇，等. 氧化铈对 $CaO-Al_2O_3-SiO_2$ 系微晶玻璃烧结和性能的影响[J]. 中国有色金属学报，2010，20(3)：534~539.

[50] 程金树，田培静，汤李缨. Sm^{3+}、Tb^{3+} 掺杂透辉石微晶玻璃结构与光谱分析[J]. 武汉理工大学学报，2009，31(4)：95~97.

[51] 刘红娟，任富建，李义曼. 矿渣微晶玻璃的研究现状及其发展趋势[J]. 佛山陶瓷，2007，16(7)：32~34.

[52] 刘金彩，曾利群. 建筑微晶玻璃的应用与发展[J]. 山东建材，2005，(1)：30~32.

[53] 刘智伟，孙业新，种振宇，等. 利用高炉矿渣生产微晶玻璃的可行性分析[J]. 山东冶金，2006，28(6)：49~51.

2 包钢高炉渣矿物组成及特殊组分赋存状态

包钢炼铁原料白云鄂博铁矿是含铁、稀土、铌、氟、钾、钠等多种元素的复合矿床[1]，在高炉冶炼过程中，一部分氟、钾、钠、稀土及放射性元素钍（Th）会进入高炉渣中，包钢高炉渣同时含有 CaF_2、RE_xO_y、TiO_2、K_2O、Na_2O 等特殊成分。本章将对包钢高炉渣在空气中缓慢冷却后的矿物组成进行研究，以探明其中特殊组分在固态渣中的赋存状态，为进一步探明其对微晶玻璃析晶行为的影响规律奠定基础。

2.1 包钢高炉渣的化学成分

高炉渣可分为普通高炉渣、含钛高炉渣、含氟高炉渣。普通高炉渣的主要成分为 CaO、MgO、SiO_2、Al_2O_3、MnO。含钛高炉渣除含上述成分外，还含有大量的 TiO_2。包钢高炉渣属于含氟高炉渣，其中主要组分 CaO、SiO_2、MgO、Al_2O_3 的质量分数之和为 91.5%，同时含有少量的 K_2O、Na_2O、RE_xO_y、TiO_2、Nb_2O_5、ThO_2 等特殊成分。目前，该渣中特殊组分总含量约为 5.58%，其中包括 1.52% CaF_2、0.53% K_2O、1.34% Na_2O、0.78% RE_xO_y、1.38% TiO_2、0.009% Nb_2O_5 和 0.016% ThO_2。包钢高炉渣的化学成分分析结果具体见表 2-1。

表 2-1 包钢高炉渣的化学组成 (w)　　　　　（%）

组分	TFe	FeO	SiO_2	CaF_2	S	K_2O	Na_2O	CaO	MgO	Al_2O_3
含量	1.20	1.20	35.94	1.52	1.06	0.53	1.34	33.37	10.10	12.08

组分	TiO_2	MnO	RE_xO_y	Cu	Zn	C	Bi	Nb_2O_5	ThO_2	
含量	1.38	0.55	0.78	0.004	0.002	0.36	0.0042	0.009	0.016	

2.2　包钢凝固高炉渣矿物组成及特殊组分赋存状态

　　将高炉水淬渣用磁过滤器除去其中的含铁杂质，研磨至 250μm（60 目），置于硅钼棒电炉内于 1400℃ 下熔融，保温 2h 后自然冷却。将一部分凝固渣试样磨制成光薄片，进行岩相显微镜分析；将一部分凝固渣试样磨制成粉末并过 74μm（200 目）筛，进行 X 射线衍射（XRD）分析；此外，将另一部分试样表面磨平，用氢氟酸腐蚀并喷金后，采用 QUANTA 400 型环境扫描电子显微镜进行扫描电镜（SEM）及能谱分析。

2.2.1　岩相显微镜分析

　　该凝固渣试样在空气中缓慢冷却后呈石头状，矿物的结晶性较好，可以通过显著的光学性能来鉴定凝固渣样中析出的矿物[2]。

　　通过岩相显微镜分析发现，该凝固渣试样主要由晶形巨大的黄长石组成（约占 90%），黄长石的对顶构造肉眼可见，对顶角的锐角约为 65°，见图 2-1。其显微结构主要为晶形巨大的 X 形、回字形和脊骨形黄长石，分别见图 2-2（a）~（c）。该矿物的折射率约为 1.64，经鉴定为镁黄长石（$2CaO \cdot MgO \cdot 2SiO_2$）。

图 2-1　黄长石的对顶构造（宏观照片）

2.2.2　X 射线衍射分析

　　对研磨成粉的两个凝固渣试样分别进行 X 射线衍射分析，结果

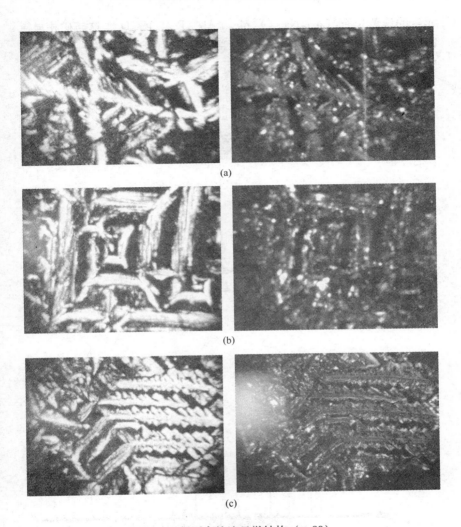

图 2-2　凝固高炉渣显微结构（×80）

（a）高炉渣中 X 形黄长石（左：单偏光，右：正交偏光）；（b）高炉渣中
回字形黄长石（左：单偏光，右：正交偏光）；（c）高炉渣中
脊骨形黄长石（左：单偏光，右：正交偏光）

见图 2-3。从分析结果可知，凝固高炉渣的主要矿物组成为钙铝黄长
石（$Ca_2Al_2SiO_7$）、钙镁黄长石（$Ca_2MgSi_2O_7$）以及含有 Na、Al、Fe

元素的镁黄长石$(Ca_{1.53}Na_{0.51})(Mg_{0.39}Al_{0.41}Fe_{0.16})Si_2O_7$，这与矿相显微镜分析结果基本一致。由此可见，部分特殊组分 Na_2O 以钙镁黄长石的形态赋存于高炉渣中。

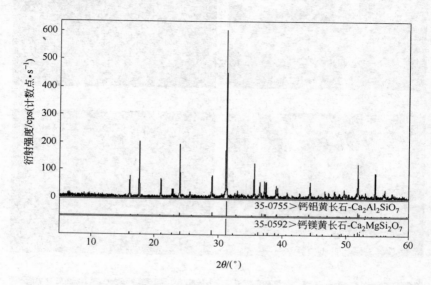

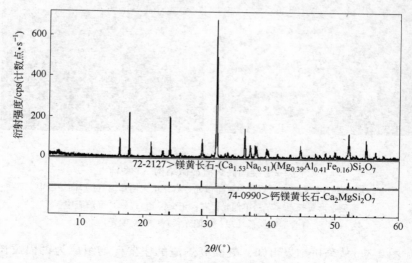

图 2-3　凝固渣试样 XRD 分析

2.2.3 扫描电镜及能谱分析

对表面用氢氟酸腐蚀并喷金的凝固渣试样进行扫描电镜及能谱分析，研究凝固高炉渣中特殊组分的赋存状态。图 2-4 为凝固高炉渣扫描电镜照片，按颜色不同可分为 3 种矿相（灰色、浅灰色和白色），分别对其中的 4 个微区进行能谱分析。

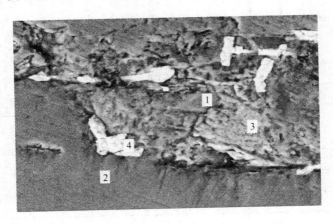

图 2-4　凝固高炉渣扫描电镜照片（×1000）

图 2-4 中的第 1 微区位于灰色矿相，其能谱分析结果见图 2-5。经分析计算可知，第 1 微区的矿物为钙镁黄长石，其分子式为 $(Ca_{0.88}Na_{0.60}K_{0.02})(Mg_{0.79}Al_{0.73}Fe_{0.01}Mn_{0.01})Si_2O_7$，表明 K_2O、Na_2O 以固溶体的形态赋存于钙镁黄长石中。由于 Ca^{2+} 半径（0.106nm）与 Na^+ 半径（0.098nm）比较接近，但与 K^+ 半径（0.133nm）相差较大，故 Na^+ 比 K^+ 更容易替代 Ca^{2+} 而进入钙镁黄长石中形成固溶体，分子式中 Na^+ 的数量远大于 K^+ 的数量。图 2-4 中的第 2 微区也位于灰色矿相，与第 1 微区的矿物形貌相似，经能谱分析，第 2 微区仍为含 Na_2O 的钙镁黄长石。

位于浅灰色矿相的第 3 微区能谱分析结果见图 2-6。该微区主体成分为 Mg、Al、Si、O，同时含有少量的 F、K、Na 元素，其中 $w(F)=2.78\%$，$w(K)=2.61\%$，$w(Na)=2.79\%$。过去，包钢高炉

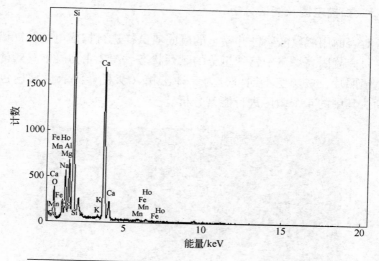

元　素	$w/\%$	$x/\%$
O	43.41	58.27
Na	5.27	4.92
Mg	7.37	6.51
Al	7.62	6.07
Si	21.60	16.52
S	1.41	1.02
K	0.35	0.19
Ca	13.57	7.27
Mn	0.32	0.12
Fe	0.26	0.10
Ba	0.25	0.03

图 2-5　凝固高炉渣第 1 微区能谱分析

渣中氟含量较高,常以枪晶石($3CaO \cdot 2SiO_2 \cdot CaF_2$)的形态存在。现经分析计算,F 元素不可能以枪晶石状态存在,第 3 微区可能为溶解了少量 CaF_2、K_2O、Na_2O 的镁、铝硅酸盐类矿物。

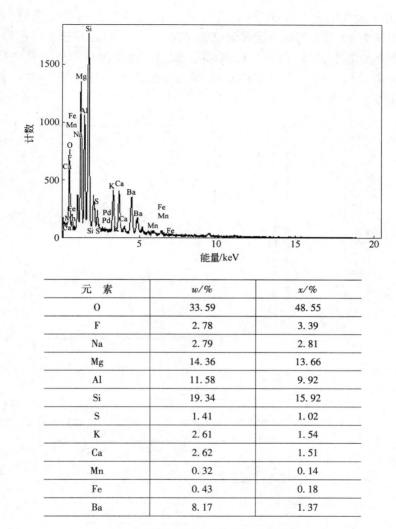

元　素	w/%	x/%
O	33.59	48.55
F	2.78	3.39
Na	2.79	2.81
Mg	14.36	13.66
Al	11.58	9.92
Si	19.34	15.92
S	1.41	1.02
K	2.61	1.54
Ca	2.62	1.51
Mn	0.32	0.14
Fe	0.43	0.18
Ba	8.17	1.37

图 2-6　凝固高炉渣第 3 微区能谱分析

　　对图 2-4 中位于白色矿相的第 4 微区进行能谱分析，其结果见图 2-7。经计算可知，第 4 微区亮白色矿物主要为钙钛矿（$CaTiO_3$）。元素 Ce（质量分数为 9.24%）、Th（质量分数为 0.31%）及少量的 Na（质量分数为 1.05%）主要存在于这种矿物中。Th 的原子序数为 90，

Th 在元素周期表中隶属于锕系，Th 与 Ce 具有相似的化学性质[3]，可以认为 Th 主要与稀土元素组成的矿物共存，不能形成独立的矿物。包钢高炉渣中 ThO_2 含量为 0.016%，RE_xO_y 含量为 0.78%，其中稀土元素以 Ce 为主，与放射性元素 Th 及少量的 Na 元素一起赋存于钙钛矿中。

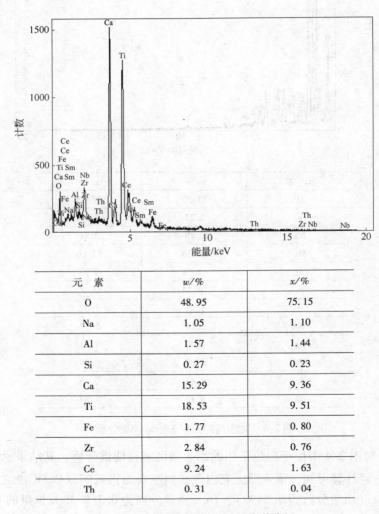

元　素	w/%	x/%
O	48.95	75.15
Na	1.05	1.10
Al	1.57	1.44
Si	0.27	0.23
Ca	15.29	9.36
Ti	18.53	9.51
Fe	1.77	0.80
Zr	2.84	0.76
Ce	9.24	1.63
Th	0.31	0.04

图 2-7　凝固高炉渣第 4 微区能谱分析

2.3　小结

（1）包钢高炉渣主要为黄长石系，高炉渣主要矿物组成为钙镁黄长石、钙铝黄长石，还有少量的钙钛矿。

（2）高炉渣中的特殊组分 CaF_2 不是以枪晶石状态存在，而是赋存于镁、铝的硅酸盐类矿物中；特殊组分 K_2O、Na_2O 赋存于钙镁黄长石以及镁、铝硅酸盐类矿物中，部分 Na_2O 赋存于钙钛矿中。

（3）高炉渣中的放射性元素 Th 不能形成独立的矿物，而是与稀土元素 Ce 共存于钙钛矿中。

参 考 文 献

[1]《包钢白云鄂博矿矿冶工艺学》编辑委员会. 白云鄂博矿矿冶工艺学（矿山卷）[M].
包头：包头钢铁公司，1994：54.
[2] 任允芙. 钢铁冶金岩相矿相学[M]. 北京：冶金工业出版社，1982：24～25.
[3] 泽里克曼 A H. 稀土金属钍铀冶金学[M]. 北京：中国工业出版社，1965：25.

3 基础玻璃配方设计

    包钢高炉渣的主要成分为 CaO、SiO_2、Al_2O_3、MgO，其质量分数之和高达 90% 以上，是用来制备 $CaO\text{-}MgO\text{-}Al_2O_3\text{-}SiO_2$ 系微晶玻璃最理想的废弃物。

    在设计基础玻璃的成分时，必须考虑两点：第一，基础玻璃结构的稳定性；第二，玻璃析晶后的晶相组成。从结晶化学的角度分析，不同的硅氧比（$w(Si)/w(O)$ 或 $x(Si)/x(O)$）可以得到不同的晶相。考虑到制备的微晶玻璃应具有较高的机械强度以及良好的耐磨性、化学稳定性和热稳定性，故选择辉石类晶体（主要是普通辉石和透辉石）作为所研制微晶玻璃的主晶相。

3.1 基础玻璃组成的确定

    根据 MgO 含量为 10% 的 $CaO\text{-}SiO_2\text{-}Al_2O_3$ 三元系相图[1]（见图 3-1），综合考虑炉渣中 CaF_2、K_2O、Na_2O、RE_xO_y、TiO_2、Nb_2O_5 等特殊成分的影响及玻璃的工艺性能与使用性能，确定能够得到预期主晶相的适宜的基础玻璃成分范围，选择辉石类晶体为主晶相。在辉石类矿物析出区域选取基础玻璃组成点 A，其靠近相图中的共熔线或共晶点，可使玻璃获得较低熔点。基础玻璃的化学成分范围及 A 点的化学组成见表 3-1。

表 3-1 基础玻璃的化学成分范围及 A 点的化学组成（w）（%）

化学成分	CaO	SiO_2	Al_2O_3	MgO
组成范围	16 ~ 32	54 ~ 65	2 ~ 10	10
组成点 A	26	54	10	10

3.2 实验原料

    采用熔融法制备 $CaO\text{-}MgO\text{-}Al_2O_3\text{-}SiO_2$ 系微晶玻璃，以包钢高炉

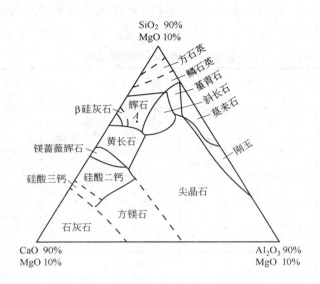

图 3-1　MgO 含量为 10% 的 CaO-SiO$_2$-Al$_2$O$_3$ 三元系相图

渣、天然矿物石英砂（SiO$_2$ 质量分数为 97.15%）为主要原料，再配加少量的纯化学试剂 CaO、MgO、Al$_2$O$_3$ 等来调整基础玻璃的成分。包钢高炉渣除含有主要成分 CaO、SiO$_2$、MgO、Al$_2$O$_3$ 外，还含有少量的 CaF$_2$、K$_2$O、Na$_2$O、RE$_x$O$_y$、TiO$_2$、Nb$_2$O$_5$、ThO$_2$ 等特殊成分。这些特殊成分的质量分数之和约占高炉渣总量的 5.58%，其中含 1.52% CaF$_2$、0.53% K$_2$O、1.34% Na$_2$O、0.78% RE$_x$O$_y$、1.38% TiO$_2$、0.009% Nb$_2$O$_5$、0.016% ThO$_2$。各实验原料的具体化学组成见表 3-2。此外，添加少量的 B$_2$O$_3$（纯度 98.0%）作助熔剂，B$_2$O$_3$ 熔点为 450℃，可降低该玻璃体系的熔点。

　　当高炉渣配入量分别为 20%、30%、40%、50% 时，基础玻璃的原料配比见表 3-3。表 3-3 中，化学成分 SiO$_2$ 来自天然矿物石英砂；CaO、Al$_2$O$_3$、MgO、B$_2$O$_3$ 为分析纯化学试剂；放射性组分 ThO$_2$ 是由高炉渣带入的，当高炉渣配比不超过 50% 时，基础玻璃中 ThO$_2$ 含量不超过 0.008%（即 80ppm），作为建筑用微晶玻璃，其放射性物质含量不会超标，这正是基础玻璃中高炉渣配入量应限制在 50%

以内的原因。由高炉渣带入的特殊组分在基础玻璃中的质量分数为
1.0%～2.6%。

表3-2 实验原料的化学组成 （%）

原 料	化 学 组 成							
高炉渣	TFe	FeO	SiO$_2$	CaF$_2$	P	S	K$_2$O	Na$_2$O
	1.20	1.20	35.94	1.52	—	1.06	0.53	1.34
石英砂			97.15					
CaO								
MgO								
Al$_2$O$_3$								

原 料	化 学 组 成							
高炉渣	CaO	MgO	MnO	Al$_2$O$_3$	TiO$_2$	RE$_x$O$_y$	Cu	Zn
	33.37	10.10	0.55	12.08	1.38	0.78	0.004	0.002
石英砂								
CaO	98.0							
MgO		98.0						
Al$_2$O$_3$				98.5				

原 料	化 学 组 成							
高炉渣	C	As	Pb	Bi	Sn	Sb	Nb$_2$O$_5$	ThO$_2$
	0.36	—	—	0.004	—	—	0.009	0.016
石英砂								
CaO								
MgO								
Al$_2$O$_3$								

表3-3 基础玻璃的原料配比 （%）

组成 编号	高炉渣	SiO$_2$	CaO	Al$_2$O$_3$	MgO	ThO$_2$	特殊组分
1	20	46.0	19.0	7.0	8.0	0.003	1.05
2	30	42.0	15.0	6.0	7.0	0.005	1.58
3	40	38.0	12.0	5.0	6.0	0.006	2.11
4	50	34.0	8.0	3.5	4.5	0.008	2.64

当高炉渣配入量分别为 20%、30%、40%、50% 时，基础玻璃的原料配比具体见表 3-4。

表3-4 改变高炉渣配比的基础玻璃的原料配比

原料 编号	高炉渣 /g	石英砂 /g	CaO 试剂/g	Al$_2$O$_3$ 试剂/g	MgO 试剂/g	B$_2$O$_3$ 试剂/g	总计 /g	特殊组分/%	ThO$_2$ /%
高炉渣20%	20	47.239	19.268	7.527	7.969	2.041	106.064	1.05	0.003
高炉渣30%	30	43.066	15.638	6.214	6.852	2.041	105.831	1.58	0.005
高炉渣40%	40	38.894	12.007	4.902	5.735	2.041	105.599	2.11	0.006
高炉渣50%	50	34.722	8.377	3.589	4.617	2.041	105.366	2.64	0.008

3.3 基础玻璃的熔制

按照表 3-4 中的基础玻璃原料配比配制试样，在硅钼棒电炉内以 8℃/min 的升温速率升至 1000℃，然后以 6℃/min 的升温速率升至 1300℃，再以 4℃/min 的升温速率升至 1490℃。熔制 3～4h 后，待玻璃液充分澄清均化后，将熔融玻璃液浇注在已预热至 600℃ 的模具内，并迅速放置在马弗炉内，于 600℃ 下退火 2h 以消除玻璃的内应力。最后断电随炉冷却至室温，制得基础玻璃试样。

3.4 小结

（1）采用熔融法制备包钢高炉渣微晶玻璃，设计了以析出辉石类晶体为主晶相的 CaO-Al$_2$O$_3$-MgO-SiO$_2$ 系基础玻璃配方。

（2）考虑到包钢高炉渣中含有放射性组分 ThO$_2$，为使所制备的建筑用微晶玻璃中放射性物质含量不超标，高炉渣配入量应限制在50%以内。

参 考 文 献

[1] 肖汉宁，刘洋，时海霞. 高炉渣含量与热处理制度对矿渣微晶玻璃性能的影响[J]. 陶瓷科学与艺术，2003，(5)：42~46.

4 高炉渣中特殊组分对玻璃析晶行为的综合影响

包钢高炉渣同时含有 CaF_2、K_2O、Na_2O、RE_xO_y、TiO_2、Nb_2O_5、ThO_2 等特殊成分，属世界独有。特殊组分中的 CaF_2、TiO_2 在微晶玻璃制备过程中起到促进玻璃析晶的晶核剂作用[1~3]；K_2O、Na_2O 是构成玻璃的成分，可降低玻璃的熔点；而 RE_xO_y、Nb_2O_5、ThO_2 在玻璃析晶过程中的作用尚不清楚。这些特殊组分对玻璃析晶行为及所制备材料的性能存在一定的综合影响，使包钢高炉渣制备微晶玻璃的结晶行为变得较为复杂，普通高炉渣制备微晶玻璃的相关理论对于包钢高炉渣并不完全适用且存在较大的局限性。故研究包钢高炉渣中特殊组分对玻璃析晶行为的综合影响，是本章研究的重点及将要突破的难点之一。

本章在不外加任何晶核剂的情况下，通过改变基础玻璃组成中高炉渣的配比（0、20%、30%、40%和50%）来改变特殊组分的含量（0、1.05%、1.58%、2.11%、2.64%），采用差热分析、X 射线衍射分析等方法，研究 CaF_2、K_2O、Na_2O、RE_xO_y、TiO_2、Nb_2O_5、ThO_2 等特殊组分对基础玻璃结晶行为（核化温度、晶化温度、晶相组成、显微结构）的综合影响。

4.1 特殊组分对基础玻璃核化、晶化温度的影响

采用差热分析方法来研究高炉渣带入的特殊组分对基础玻璃核化与晶化温度的影响，将经高温熔制的基础玻璃试样砸碎并研磨至 $74\mu m$(200 目)以下，装入刚玉坩埚，采用德国耐驰公司 STA449C 型综合热分析仪，在常压氩气保护下以 $10℃/min$ 的升温速率升温至 $1250℃$。

在对基础玻璃进行热处理的过程中，新相的产生需要一定的能量，这部分能耗需要由系统来提供，在热力学上一般表现为吸热过

程；而晶化过程中玻璃从无定形态转变为晶态，伴随的是一个放热过程[4]。由塔曼曲线可知，玻璃形核和结晶都有一个温度范围，在DTA 曲线上呈现出相应的吸热峰和放热峰。吸热峰峰值温度附近常伴随着玻璃体内晶核的析出。而放热峰意味着晶核的长大，峰形越尖锐，说明结晶速率越大；晶化程度可以通过放热峰的面积间接地反映出来，放热峰面积越大，则晶化率越高。

高炉渣配入量分别为 0、20%、30%、40% 和 50% 的基础玻璃试样的差热分析曲线见图 4-1，高炉渣中特殊组分对玻璃析晶峰峰值温度（晶化温度）的影响见图 4-2。其中，不含高炉渣的基础玻璃试样完全由纯化学试剂配制而成。由图 4-1 和图 4-2 可以看出，在每个试样的 DTA 曲线上不存在明显的核化吸热峰，只存在明显的晶化放热峰，且随着基础玻璃中高炉渣配比（即特殊组分含量）的增加，基础玻璃晶化峰峰值温度呈降低趋势。不含高炉渣的基础玻璃，其晶化峰峰值温度为 966℃；当高炉渣配比达 50%（特殊组分含量为2.64%）时，基础玻璃的晶化峰峰值温度降到 952℃。这表明高炉渣中的特殊组分可降低基础玻璃的晶化温度，有促进玻璃析晶的作用。

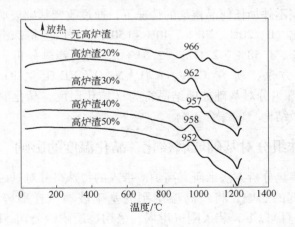

图 4-1　基础玻璃的 DTA 曲线

由 DTA 曲线还可以发现，各基础玻璃试样均有两个析晶放热峰。第一个析晶放热峰温度范围及宽度见表 4-1。第二个析晶放热峰与第

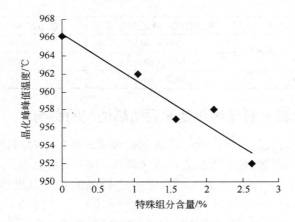

图 4-2 高炉渣中特殊组分对玻璃析晶峰峰值温度的影响

一个析晶放热峰相比温度要高、面积要小，可能与第二主晶相的析出有关，其析晶温度范围及宽度见表 4-2。由表 4-1 和表 4-2 可以发现，各组试样第一个析晶放热峰温度范围为 900～1010℃，第二个析晶放热峰温度范围为 1020～1080℃。对比各试样的放热峰宽度可以发现，配入高炉渣的试样与由纯化学试剂配制的试样相比，析晶放热峰宽度变小，且峰形变得较为尖锐，说明结晶速率变大。由此可见，高炉渣中的特殊组分具有促进玻璃析晶的作用。

表 4-1 各基础玻璃的第一个析晶放热峰温度范围及宽度

高炉渣含量/%	析晶放热峰温度范围/℃	析晶放热峰宽度/℃
0	903～1002	99
20	932～1010	78
30	933～1002	69
40	923～1009	86
50	911～982	71

表 4-2 各基础玻璃的第二个析晶放热峰温度范围及宽度

高炉渣含量/%	析晶放热峰温度范围/℃	析晶放热峰宽度/℃
0	1035～1077	42
20	1025～1045	25

高炉渣含量/%	析晶放热峰温度范围/℃	析晶放热峰宽度/℃
30	1030 ~ 1045	15
40	1020 ~ 1043	23
50	1030 ~ 1045	15

4.2　特殊组分对玻璃热处理后结晶情况的影响

　　通过查阅大量相关文献，以各基础玻璃试样的 DTA 曲线为依据，确定基础玻璃的热处理制度为：核化温度 810℃，核化时间 2h；晶化温度 1002℃（在各基础玻璃试样第一个析晶放热峰温度范围 900 ~ 1010℃内选取），晶化时间 2h；室温至 810℃范围内的升温速率为 6℃/min，810 ~ 1002℃范围内的升温速率为 3℃/min。采用升温速率及保温时间可控的 CQKJ-XS-3 型箱式电阻炉对基础玻璃试样进行热处理，热处理后的结晶情况见图 4-3。

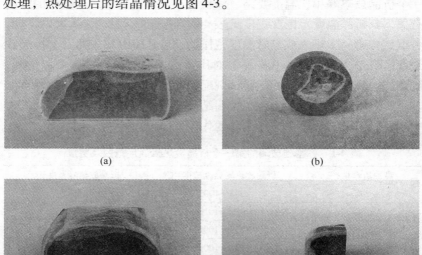

(a)　　　　　　　　　　　　　　　　(b)

(c)　　　　　　　　　　　　　　　　(d)

图 4-3　基础玻璃试样于 810℃核化 2h、于 1002℃晶化 2h 后的宏观照片
（a）含 20% 高炉渣；（b）含 30% 高炉渣；（c）含 40% 高炉渣；（d）含 50% 高炉渣

由图 4-3 可以看出，在 1002℃下晶化处理后的试样表面均为晶体层，内部为玻璃相；且随着高炉渣配比的增加，即基础玻璃中由高炉渣带入的特殊组分的增加，玻璃颜色有所加深，玻璃体内均没有微小晶粒析出。不外加晶核剂时，在高炉渣引入的特殊组分的综合作用下，只能使基础玻璃进行表面析晶，不能实现体积析晶。

在保持其他热处理制度不变的情况下，将析晶温度提高至1090℃，稍高于第二个析晶放热峰（1020～1080℃）的结束温度，各玻璃试样的结晶情况见图 4-4。

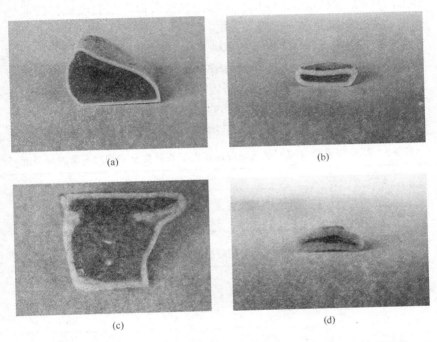

图 4-4　基础玻璃试样于 810℃核化 2h、于 1090℃晶化 2h 后的宏观照片

（a）含 20% 高炉渣；（b）含 30% 高炉渣；（c）含 40% 高炉渣；（d）含 50% 高炉渣

由图 4-4 可以看出，试样的表面仍为晶体层，内部为玻璃相；随着基础玻璃中高炉渣配比的增加，结晶层厚度有所增加。比较图4-3、图 4-4 可以发现，提高晶化温度，试样的结晶层厚度有所增加。

由基础玻璃热处理后的宏观照片可以发现，由高炉渣带入的特殊组分可促进基础玻璃的析晶，但仅为表面析晶，若要在玻璃体内析出细小、致密的微晶（即实现体积析晶），必须另外添加适当种类及数量的晶核剂。

4.3　特殊组分对玻璃热处理后结晶矿物组成的影响

将热处理后试样的表面晶体层研磨成粉末状，过 $74\mu m$（200 目）筛，利用 D5000 型 X 射线衍射仪，以 $4°/min$ 的扫描速率进行 X 射线衍射分析，扫描角度为 $5° \sim 70°$，以确定各基础玻璃试样热处理后晶体层的矿物组成。通过 XRD 衍射峰的强度可以看出玻璃试样的晶化程度、晶相组成及晶体的相对含量。

对含高炉渣 30% 和 50% 的基础玻璃试样经 1002℃ 晶化处理后的结晶矿物进行 XRD 分析，其分析结果见图 4-5，析出矿物种类及矿物最高衍射峰强度见表 4-3。对含高炉渣 20%、30%、40% 和 50% 的基础玻璃试样经 1090℃ 晶化处理后的结晶矿物进行 XRD 分析，其分析结果见图 4-6，析出矿物种类及矿物最高衍射峰强度见表 4-4。

表 4-3　基础玻璃经 1002℃ 晶化处理后析出矿物种类及矿物最高衍射峰强度

高炉渣含量	透辉石	钙长石
30%	86	144
50%	138	125

表 4-4　基础玻璃经 1090℃ 晶化处理后析出矿物种类及矿物最高衍射峰强度

高炉渣含量	透辉石	铝透辉石	钙长石
20%	135	0	85
30%	150	125	207
40%	230	145	170
50%	240	200	370

由图 4-5 和表 4-3 可以看出，含高炉渣 30% 和 50% 的两个基础玻璃试样分别经 1002℃ 晶化处理后，析出矿物主要为透辉石（$CaMg(SiO_3)_2$）和钙长石（$CaAl_2Si_2O_8$），这两种矿物的析出与 DTA 曲线上第一个析晶放热峰有关。当高炉渣配比由 30% 提高至 50% 时，

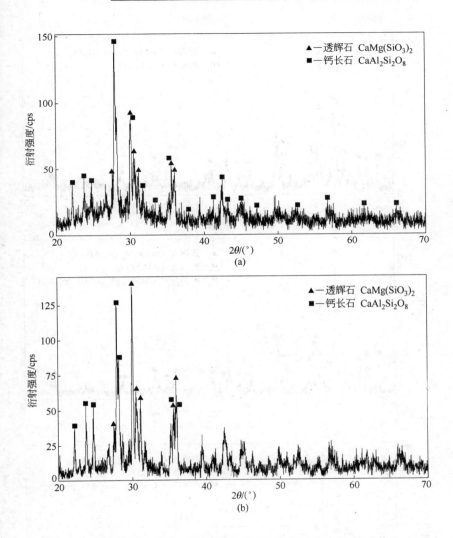

图 4-5　基础玻璃经 1002℃晶化处理后结晶矿物的 XRD 图谱
（a）含高炉渣 30%；（b）含高炉渣 50%

透辉石衍射峰的强度明显提高，表明析出透辉石的数量明显增多。可见，由高炉渣带入的特殊组分促进了透辉石的析出。

由图 4-6 和表 4-4 可知，将晶化温度提高至 1090℃，略高于 DTA

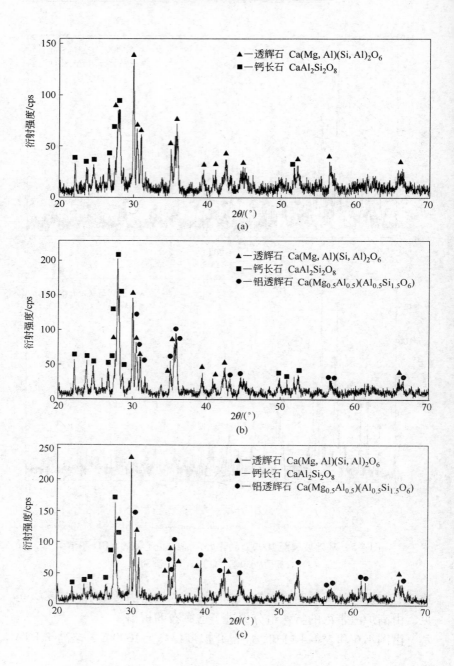

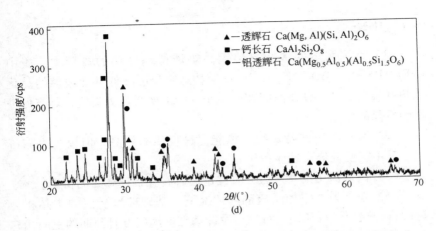

图4-6 基础玻璃经1090℃晶化处理后结晶矿物的XRD图谱

(a) 含高炉渣20%; (b) 含高炉渣30%; (c) 含高炉渣40%; (d) 含高炉渣50%

曲线上第二个析晶放热峰的结束温度时，含高炉渣30%和50%的两个基础玻璃试样经热处理后的结晶矿物为透辉石（$Ca(Mg,Al)(Si,Al)_2O_6$）、铝透辉石（$Ca(Mg_{0.5}Al_{0.5})(Al_{0.5}Si_{1.5}O_6)$）和钙长石（$CaAl_2Si_2O_8$）。其与经1002℃晶化处理后析出的矿物相比，增加了一种矿物铝透辉石，且透辉石的化学式也有所变化，增加了Al元素，表明DTA曲线上第二个析晶放热峰可能与铝透辉石的析出有关。

此外，由图4-6和表4-4可知，当晶化温度为1090℃时，随着基础玻璃中高炉渣配比的增加（即特殊组分含量的增加），透辉石、铝透辉石的最高衍射峰强度逐渐增加，表明这两种矿物的析出数量也逐渐增加。

总之，高炉渣中的特殊组分可促进透辉石和铝透辉石的析出。在不另外添加晶核剂的情况下，析出的主要矿物与设计基础玻璃配方时预期的主晶相辉石类晶体（普通辉石和透辉石）相比，仍存在一定差距。因此，若要获得预期的主晶相，必须另外添加适当种类及数量的能有效促进透辉石析出、抑制钙长石析出的晶核剂。

因此，将在第5章进一步讨论添加适量晶核剂Cr_2O_3后基础玻璃的析晶行为。

4.4 小结

（1）在采用熔融法制备包钢高炉渣微晶玻璃的过程中，渣中 CaF_2、RE_xO_y、TiO_2、K_2O、Na_2O 等特殊组分可降低基础玻璃的晶化放热峰峰值温度，使析晶峰宽度变小，峰形变得较为尖锐，具有促进玻璃析晶的作用。

（2）高炉渣中的特殊组分虽能促进玻璃的析晶，但仅为表面析晶，并不能使玻璃实现体积析晶。

（3）高炉渣中的特殊组分可促进透辉石和铝透辉石的析出。

（4）在不另外添加晶核剂的情况下，基础玻璃析出的主晶相为透辉石、铝透辉石和钙长石，与设计基础玻璃配方时预期的主晶相辉石类晶体（普通辉石和透辉石）相比，仍存在一定差距。

参 考 文 献

[1] 彭文琴，肖汉宁. 氟化物对 $CaO-Al_2O_3-SiO_2$ 系玻璃析晶行为的影响[J]. 材料开发与应用，2001，16(1)：16～17.

[2] 俞冰，梁开明，顾守仁. TiO_2 对 $CaO-MgO-P_2O_5-SiO_2$ 系统玻璃晶化影响的研究[J]. 无机材料学报，2002，17(3)：470～474.

[3] 彭文琴. $CaO-MgO-Al_2O_3-SiO_2$ 系微晶玻璃的研究[D]. 长沙：湖南大学，2000.

[4] 赵运才，肖汉宁，谭伟. 热处理条件对耐磨微晶玻璃晶化及性能的影响[J]. 煤炭学报，2002，27(6)：653～657.

5 添加晶核剂 Cr₂O₃ 时基础玻璃的析晶行为

由第 4 章可知，不另外添加晶核剂的情况下，在由高炉渣带入的特殊组分的综合作用下，无法实现基础玻璃的体积析晶。因此，在第 4 章基础玻璃配方中另外添加了 2% 的晶核剂 Cr_2O_3、Cr_2O_3 是难溶氧化物，在玻璃中的溶解度很小，可引起分相，促进玻璃析晶。本章主要研究采用 40% 包钢高炉渣制备微晶玻璃的析晶行为，包括包钢高炉渣制备微晶玻璃过程中的核化温度、晶化温度、显微结构、晶相组成等。

5.1 添加 Cr₂O₃ 后基础玻璃的核化、晶化温度

仍采用差热分析方法确定基础玻璃的核化与晶化温度。将基础玻璃研磨至 74μm（200 目）以下，装入刚玉坩埚，在常压氩气保护下以 10℃/min 的升温速率升至 1250℃，其差热分析曲线见图 5-1。由图 5-1 可见，含 40% 高炉渣的基础玻璃试样的 DTA 曲线核化吸热峰仍不太明显，而晶化放热峰比较明显，晶化放热峰峰值温度为 966℃，晶化放热峰温度范围为 927～1007℃，核化吸热峰峰值温度为 756℃。

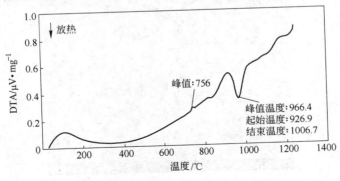

图 5-1 含晶核剂 Cr_2O_3 的基础玻璃的 DTA 曲线

5.2　添加 Cr$_2$O$_3$ 微晶玻璃的显微结构

　　以基础玻璃试样的 DTA 曲线为依据，在进行大量探索性试验的基础上确定合理的热处理制度为：核化温度 810℃，核化保温 1h；晶化温度 1006℃，晶化保温 1h；退火温度 600℃，退火时间 2h，以消除微晶玻璃的内部热应力；室温至 810℃ 范围内的升温速率为 6℃/min，810 ~ 1006℃ 范围内的升温速率为 3℃/min，具体热处理制度见图 5-2。用 CQKJ-XS-3 型箱式硅钼棒加热炉，按图 5-2 所示的热处理制度对基础玻璃试样进行热处理，制得的微晶玻璃扫描电镜照片如图 5-3 所示。

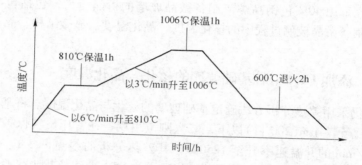

图 5-2　基础玻璃的热处理制度

图 5-3　含 40% 高炉渣微晶玻璃的扫描电镜照片（ ×15000）

由图 5-3 所示的晶化热处理后试样在 15000 倍下的扫描电镜照片可以看出，添加 2% 晶核剂 Cr_2O_3 后，高炉渣配比为 40% 的基础玻璃试样实现了体积析晶，制得了晶粒尺寸为 $0.2 \sim 0.5\mu m$ 的微晶玻璃，晶粒呈球形且分布较为均匀，表明 Cr_2O_3 对所研究体系玻璃的体积析晶起到了关键作用。

5.3 添加 Cr₂O₃ 微晶玻璃的晶相组成

将制得的微晶玻璃试样研磨成粉末状，过 $74\mu m$（200 目）筛，利用 D5000 型 X 射线衍射仪，扫描角度为 $5° \sim 60°$，以 $4°/min$ 的扫描速度对其进行 X 射线衍射分析，以研究确定微晶玻璃的晶相组成以及晶体的相对含量。通过 XRD 衍射峰的强度可以判断微晶玻璃试样的晶化程度，其分析结果见图 5-4。

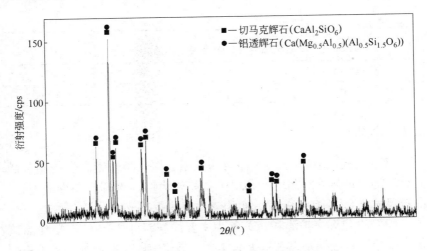

图 5-4 添加 Cr₂O₃ 的微晶玻璃的 XRD 图谱

由图 5-4 可以看出，微晶玻璃试样的主晶相为切马克辉石（$CaAl_2SiO_6$）和铝透辉石 $Ca(Mg_{0.5}Al_{0.5})(Al_{0.5}Si_{1.5}O_6)$，这与设计基础玻璃配方时预期的主晶相一致。

将不添加晶核剂与外加 2% Cr_2O_3 作晶核剂时基础玻璃热处理后的析出矿物种类及最高衍射峰强度进行对比，具体见表 5-1。由表 5-1

可以发现，外加晶核剂 Cr_2O_3 后，所析出矿物中钙长石消失，而辉石及透辉石类晶体的数量显著增加。这表明在 Cr_2O_3 与高炉渣所带入晶核剂成分（具体见表 5-2）组成的复合晶核剂的共同作用下，有效促进了辉石及铝透辉石的析出，抑制了钙长石的析出。因此，Cr_2O_3 是 $CaO-Al_2O_3-MgO-SiO_2$ 体系玻璃有效的晶核剂，促进该体系玻璃的整体析晶，且促进了预期的辉石类晶体的析出。复合晶核剂在基础玻璃中的质量分数为：FeO 0.45%，TiO_2 0.52%，CaF_2 0.58%，Cr_2O_3 1.9%。

表 5-1   不添加 Cr_2O_3 与添加 Cr_2O_3 时基础玻璃热处理后的
析出矿物及最高衍射峰强度对比

不添加晶核剂时衍射峰强度			添加 Cr_2O_3 时衍射峰强度	
透辉石	铝透辉石	钙长石	切马克辉石	铝透辉石
230	145	170	200	165

表 5-2   微晶玻璃中由高炉渣带入的晶核剂成分（w）   （%）

高炉渣配比/%	FeO	TiO_2	CaF_2
40	0.45	0.52	0.58

5.4 小结

（1）以基础玻璃的 DTA 曲线为依据，探索了包钢高炉渣制备微晶玻璃的合理热处理制度，获得了主晶相为切马克辉石和铝透辉石、晶粒尺寸为 0.2~0.5μm、分布均匀致密的微晶玻璃。

（2）以包钢高炉渣和石英砂为主要原料，外加 2% Cr_2O_3 作晶核剂，采用熔融法制备以辉石类晶体为主晶相的微晶玻璃。当高炉渣配比为 40% 时，在 Cr_2O_3 和高炉渣所带入晶核剂成分 FeO、TiO_2、CaF_2 构成的复合晶核剂的共同作用下，实现了玻璃的整体析晶，有效促进了辉石类晶体的析出，抑制了钙长石的析出。

6 单一晶核剂对基础玻璃 析晶行为的影响

基础玻璃体系不同，所采用的晶核剂也不尽相同。在制备微晶玻璃的过程中，为了得到晶粒细小、分布均匀、致密的微晶玻璃，晶核剂的选择是至关重要的。晶核剂主要起到促进分相或直接析出晶体的作用，其对微晶玻璃的形核和晶化过程、析出晶相、析出顺序、分布范围、各晶相比例等影响较大。由于包钢高炉渣中一些特殊组分的存在，使得包钢高炉渣制备微晶玻璃的析晶行为变得较为复杂，普通高炉渣制备微晶玻璃时晶核剂的种类及用量对于包钢高炉渣并不完全适用。因此，有必要对包钢高炉渣制备微晶玻璃在晶核剂的种类选择及数量确定等方面进行研究，其结果不仅可补充和完善制备矿渣微晶玻璃的相关理论，而且对于包钢高炉渣微晶玻璃的研制成功与否具有极其重要的意义。

本章针对包钢高炉渣的特殊性，分别就 CaF_2、P_2O_5、Fe_2O_3、TiO_2、Cr_2O_3 等晶核剂对玻璃析晶行为的影响规律进行研究，以确定合理的晶核剂种类及用量，为包钢高炉渣制备微晶玻璃在晶核剂的选择方面奠定一定的理论基础。

6.1 矿渣微晶玻璃常用的晶核剂及其作用机理

采用熔融法制备矿渣微晶玻璃时需要在配合料中加入适量的晶核剂，从而促使玻璃在过冷状态下形成晶核并生长成晶体。玻璃的组成不同时，所加入的晶核剂也不完全一样。即使玻璃的组成相同，加入不同的晶核剂也会起到不同的作用。

矿渣微晶玻璃常用的晶核剂主要有[1~7] CaF_2、P_2O_5、Fe_2O_3、TiO_2、Cr_2O_3、ZrO_2 等，下面简要介绍这几种晶核剂的特点及作用机理。

（1）CaF_2。CaF_2 是制备矿渣微晶玻璃的常用晶核剂，同时起到乳浊剂和助熔剂的作用。F^- 半径（0.136nm）与 O^{2-} 半径（0.140nm）很接近，因而 F^- 易取代玻璃网络结构中的 O^{2-}（两个氟离子取代一个氧离子），且不至于造成其他离子排列的太大畸变，其结果使玻璃网络结构变弱，离子迁移活化能减小，使玻璃黏度降低，从而促进玻璃分相。一般 F^- 的引入量为 2%~5%，并与其他晶核剂共同使用。F^- 浓度的高低也会影响矿渣微晶玻璃析出的晶相种类与数量。

（2）P_2O_5。P_2O_5 也是制备矿渣微晶玻璃的常用晶核剂，与其他晶核剂的不同之处在于，它同时也是玻璃网络形成体。其核化作用是通过玻璃分相后降低界面能来实现的。由于 P^{5+} 的场强要大于 Si^{4+}，其有加速玻璃分相的作用。P_2O_5 常与其他晶核剂组成复合晶核剂来提高成核速率，从而使得到的微晶玻璃制品晶粒更加细密。

（3）Fe_2O_3。Fe_2O_3 也可以作为某些矿渣微晶玻璃的有效晶核剂。Fe_2O_3 作为晶核剂不仅与它的含量有关，而且与氧化铁的存在状态有关，在氧化条件下加入 Fe_2O_3 的玻璃体系有利于析出磁铁矿晶核，从而诱导析晶。对于 $CaO-Al_2O_3-SiO_2$ 体系尾矿微晶玻璃，张树根等认为 Fe_2O_3 是比较有效的晶核剂，其析晶机理是在热处理时 Fe_2O_3 诱导玻璃分相，从而促进了晶体的成核和生长。Fe_2O_3 的引入使玻璃的析晶温度降低，从而使玻璃的析晶能力得到提高。

（4）TiO_2。TiO_2 是制备微晶玻璃经常应用的一种晶核剂，它在很多不同组成的玻璃体系中都是非常有效的晶核剂。TiO_2 在玻璃熔体中的溶解度较大，可达到 20%（摩尔分数）。其作用机理比较复杂，目前不是十分清楚，主要有以下三种不同观点：

1）TiO_2 通过促使玻璃分相进而促使玻璃晶化，或是通过金红石晶体的析出来促进异相形核，也可起到表面活性剂的作用，通过降低表面张力提高成核速度；

2）TiO_2 对玻璃的晶化并没有明显的作用；

3）TiO_2 会导致玻璃在晶化时的成核速度降低。

（5）Cr_2O_3。对于制备以辉石类为主晶相的矿渣微晶玻璃，Cr_2O_3 是非常有效的晶核剂。其作用机理主要是 Cr_2O_3 为难溶氧化物，它在玻璃中的溶解度很小，在玻璃的热处理过程中常与某些组分形成中间相，导致玻璃分相，从而促进玻璃析晶。

(6) ZrO_2。ZrO_2的作用类似于TiO_2，不同的是Zr^{4+}半径比Ti^{4+}大，因此场强稍弱，从而导致分相的能力也略低于TiO_2。ZrO_2的溶解度一般不超过3%，在玻璃熔体中ZrO_2的溶解度是小于TiO_2的，因此会导致其在分相初期的作用小于TiO_2，引入少量的P_2O_5会促使ZrO_2溶解在玻璃熔体中。ZrO_2作为晶核剂的作用机理可归纳为：在结晶初期，通过促进玻璃分相而起作用；但当正方氧化锆作为次晶相析出时，也可能作为晶核起作用，总之是通过玻璃分相进而影响玻璃晶化的。

6.2 试验方案及微晶玻璃制备工艺

6.2.1 试验方案

在第3章所述的40%高炉渣配比的基础玻璃配方基础上，分别添加一定量的CaF_2、P_2O_5（由$Na_3(PO_4) \cdot 12H_2O$引入）、Fe_2O_3、Cr_2O_3和TiO_2作为晶核剂，通过改变各种晶核剂的添加量，探讨单一晶核剂对包钢高炉渣微晶玻璃析晶行为（核化温度、晶化温度、析晶方式、晶相组成、显微结构等）的影响规律。基础玻璃配料见表6-1，外加晶核剂的种类及数量见表6-2。为减少其他杂质的影响，基础玻璃组成成分中除SiO_2采用天然矿物石英砂外，其余如CaO、Al_2O_3、MgO等均选用分析纯化学试剂，各种原料的纯度见表6-3。

表6-1　基础玻璃配料 （g）

原　料	高炉渣	石英砂	CaO	Al_2O_3	MgO
质　量	40.000	38.894	12.007	4.902	5.735

表6-2　外加晶核剂的种类及数量（w） （%）

试样编号	晶核剂	用　量
0	—	—
1	CaF_2	2

试样编号	晶核剂	用　量
2	CaF_2	4
3	CaF_2	6
4	CaF_2	8
5	P_2O_5	2
6	P_2O_5	4
7	P_2O_5	6
8	P_2O_5	8
9	P_2O_5	12
10	Fe_2O_3	2
11	Fe_2O_3	4
12	Fe_2O_3	6
13	TiO_2	2
14	TiO_2	8
15	Cr_2O_3	2

表 6-3　石英砂及试剂的纯度（w） （%）

原料	石英砂	CaO	MgO	Al_2O_3	CaF_2	Fe_2O_3	Cr_2O_3	TiO_2	$Na_3(PO_4) \cdot 12H_2O$
纯度	97.15	98.0	98.0	98.5	98.5	98.0	98.0	98.0	98.0

6.2.2　熔融法制备微晶玻璃工艺

采用熔融法制备包钢高炉渣微晶玻璃，其工艺流程如图 6-1 所示。

6.2.2.1　基础玻璃的制备

（1）首先将高炉渣、石英砂、CaO 分别进行球磨。高炉渣球磨

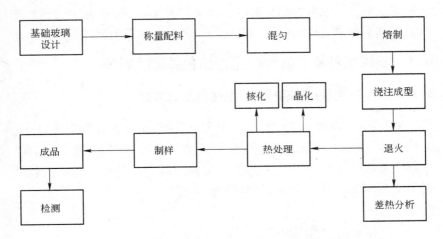

图 6-1 熔融法制备包钢高炉渣微晶玻璃的工艺流程

6h 后不进行筛分处理，直接备用；CaO 球磨 24h 后过 74μm（200 目）筛备用；石英砂湿磨 24h 后烘干，同样过 74μm（200 目）筛备用。

（2）按照含 40% 高炉渣基础玻璃的设计配方（见表 6-1）及外加晶核剂的种类和数量（见表 6-2）进行配料，准确称量实验所用的高炉渣、石英砂及其他化学试剂的用量，放入球磨罐进行充分混匀。

（3）将混匀后的粉末装入刚玉坩埚，放入高温硅钼棒电阻炉中，在空气气氛下以一定的升温速率（室温至 1000℃：8℃/min；1000～1300℃，6℃/min；1300～1490℃，4℃/min）升至 1490℃，并在此温度下保温 3h 进行熔融澄清。

（4）将事先预热至 600℃ 的模具取出，将熔融澄清后的玻璃液浇注在不锈钢活动式模具中成型，然后立即放回 600℃ 的马弗炉中，退火 2h 后关闭电源随炉冷却，得到基础玻璃试样。

6.2.2.2 微晶玻璃的制备

将制得的基础玻璃试样切取少量，捣碎后用玛瑙研钵磨制成粉，过 74μm（200 目）筛，采用差热分析方法确定合理的热处理制度，即确定核化温度、晶化温度。经查阅大量相关文献，确定以 8℃/min 的升温速率从室温升至核化温度，核化保温 1h；然后以 4℃/min 的升温速率从核化温度升至晶化温度,晶化保温 1 h。按照确定的热处理制度对基础玻璃进行核化和晶化处理,制得微晶玻璃试样。

6.3　晶核剂对基础玻璃核化、晶化温度的影响

6.3.1　CaF₂ 对基础玻璃核化、晶化温度的影响

对 0～4 号基础玻璃试样(添加 CaF_2 的质量分数分别为 0、2%、4%、6%、8%)分别进行差热分析,DTA 曲线如图 6-2 所示。DTA 曲线上玻璃的转变温度 T_g 不明显,可通过综合热分析仪的相关软件对 DTA 曲线求一阶偏导而得到玻璃的 T_g。

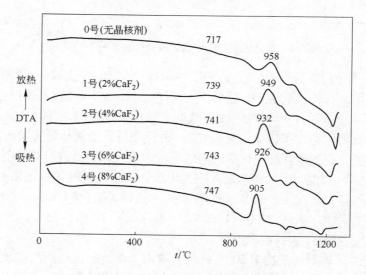

图 6-2　不同 CaF_2 引入量玻璃的 DTA 曲线

从未添加晶核剂的基础玻璃的 DTA 曲线可以看出,其玻璃的转变温度不太明显,大约在 717℃左右,析晶放热峰峰值温度为 958℃,析晶放热峰面积较小且峰形不尖锐,表明其结晶能力不足。

从添加晶核剂 CaF_2 的系列基础玻璃的 DTA 曲线可以看出,玻璃的转变温度均高于不含晶核剂的基础玻璃,而玻璃的析晶放热峰峰值温度均低于不含晶核剂的基础玻璃;当 CaF_2 加入量分别为 2%、

4%、6%、8%时，其玻璃的转变温度分别为739℃、741℃、743℃、747℃，析晶峰峰值温度分别为949℃、932℃、926℃、905℃，可见随着CaF_2含量的增加，基础玻璃的转变温度变化不大，但析晶峰峰值温度逐渐下降，且峰形变得尖锐，说明CaF_2促进析晶的能力逐渐增强。在本实验条件下，混合料在高温熔制过程中，所加入的晶核剂CaF_2与玻璃中其他组分SiO_2、K_2O、Na_2O会反应产生SiF_4、KF、NaF等气态氟化物，难以控制CaF_2在玻璃中的准确数量，使基础玻璃中实际残留的CaF_2含量降低，从而使玻璃的成核及析晶能力减弱。此外，由于气态SiF_4等有毒气体的挥发会污染周围的环境，危害人体健康，因此CaF_2作为晶核剂时加入量不宜过多。

6.3.2 P_2O_5对基础玻璃核化、晶化温度的影响

对0号、5~9号基础玻璃试样（添加P_2O_5的质量分数分别为0、2%、4%、6%、8%、12%）分别进行差热分析，DTA曲线如图6-3所示。

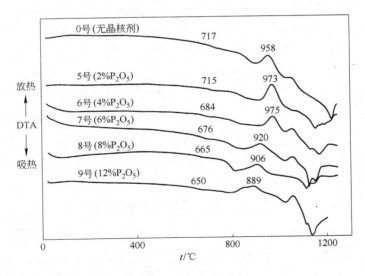

图6-3 不同P_2O_5引入量玻璃的DTA曲线

从添加晶核剂P_2O_5（由$Na_3(PO_4)\cdot12H_2O$引入）的系列基础玻璃

的 DTA 曲线可以看出，当 P_2O_5 加入量分别为 2%、4%、6%、8%、12% 时，其玻璃的转变温度分别为 715℃、684℃、676℃、665℃、650℃，均低于不含晶核剂的基础玻璃的转变温度，且随着 P_2O_5 含量的增加呈下降趋势；玻璃的析晶峰起始温度分别为 933℃、939℃、846℃、825℃、807℃，基础玻璃的析晶峰峰值温度分别为 973℃、975℃、920℃、906℃、889℃，随着 P_2O_5 含量的增加，析晶峰起始温度和析晶峰峰值温度的变化趋势一致，都呈现先升高后降低的趋势。通常采用玻璃的析晶峰起始温度 T_c 与玻璃转变温度 T_g 之差 ΔT（即 $T_c - T_g$）来判断玻璃的稳定性，ΔT 越大，玻璃越稳定[8]。P_2O_5 添加量为 0 ~ 12% 的基础玻璃的 ΔT 值分别为 202（不含 P_2O_5）、218（2% P_2O_5）、255（4% P_2O_5）、170（6% P_2O_5）、160（8% P_2O_5）、157（12% P_2O_5），ΔT 与析晶峰峰值温度的变化趋势一致，也呈现先升高后降低的趋势。分析结果表明，当晶核剂 P_2O_5 加入量低于 4% 时，随着其加入量的增加，ΔT 值逐渐增加，玻璃稳定性逐渐增加，析晶放热峰起始温度及峰值温度均逐渐升高，P_2O_5 对该玻璃体系的析晶起抑制作用；当 P_2O_5 加入量为 4% 时，玻璃最稳定，最不利于晶体的析出；当 P_2O_5 加入量超过 4% 时，随着加入量的增加，ΔT 值逐渐减小，玻璃稳定性逐渐下降，析晶放热峰起始温度及峰值温度均逐渐降低，表明 P_2O_5 对该玻璃体系的析晶起到明显的促进作用。产生上述现象的原因主要是 P_2O_5 在该玻璃体系中起到两种作用：一是与 $[AlO_4]^{5-}$ 结合进入硅氧网络，起到补网的作用，从而抑制析晶；二是 P^{5+} 场强大，具有较强的分相能力，从而诱导析晶。当 P_2O_5 加入量低于 4% 时，前者起主导作用；当加入量超过 4% 后，后者起主导作用[3]。

6.3.3 Fe_2O_3 对基础玻璃核化、晶化温度的影响

对 0 号、10 ~ 12 号基础玻璃试样（添加 Fe_2O_3 的质量分数分别为 2%、4%、6%）分别进行差热分析，DTA 曲线如图 6-4 所示。

从添加晶核剂 Fe_2O_3 的系列基础玻璃的 DTA 曲线可以看出，当 Fe_2O_3 加入量分别为 2%、4%、6% 时，其玻璃的转变温度不明显，分别约为 740℃、738℃、735℃，变化不大；其晶化放热峰峰值温度

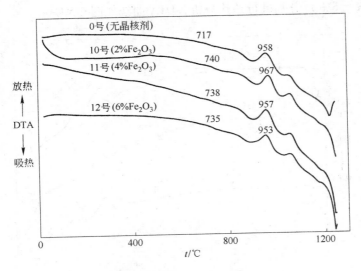

图 6-4 不同 Fe_2O_3 引入量玻璃的 DTA 曲线

分别为 967℃、957℃、953℃，与不添加晶核剂的基础玻璃放热峰相比，随着 Fe_2O_3 加入量的增加，呈现先升高后降低的趋势，但变化幅度不大，且放热峰峰形和面积均变化不大，说明 Fe_2O_3 在玻璃析晶过程中所起的作用不大。DTA 曲线上玻璃转变温度和析晶峰峰值温度均先升高后降低，可以从理论上这样解释：当玻璃体系中有铁存在时，铁有 Fe^{3+} 和 Fe^{2+} 两种离子价态，Fe^{2+} 处于八面体位置，促进析晶；而大部分 Fe^{3+} 以带负电的 $[FeO_4]^{5-}$ 进入玻璃相中（四面体位置），起到补网的作用，增加玻璃的黏度，抑制析晶；另外一小部分 Fe^{3+} 以带负电的 $[FeO_6]^{9-}$ 进入晶相中（八面体位置），促进析晶。当玻璃中 Fe_2O_3 含量较低时，铁主要以 Fe^{3+} 存在，玻璃网络加强，提高了玻璃的转变温度和析晶温度；当 Fe_2O_3 含量超过一定量后，Fe^{2+} 含量增加，从而使玻璃的析晶能力增强，玻璃的转变温度和析晶温度降低[9,10]。

6.3.4 TiO_2 对基础玻璃核化、晶化温度的影响

对 0 号、13 号、14 号基础玻璃试样（添加 TiO_2 的质量分数分别

为2%、8%）分别进行差热分析，DTA 曲线如图 6-5 所示。

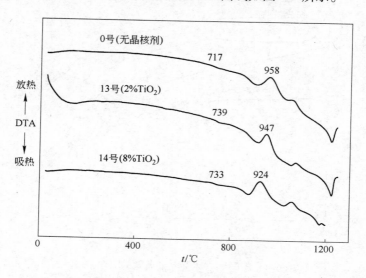

图 6-5　不同 TiO$_2$ 引入量玻璃的 DTA 曲线

从添加晶核剂 TiO$_2$ 的系列基础玻璃的 DTA 曲线可以看出，当 TiO$_2$ 添加量分别为 2% 和 8% 时，其玻璃的转变温度分别为 739℃、733℃，均高于不添加晶核剂基础玻璃的转变温度；玻璃的晶化峰峰值温度分别为 947℃、924℃，与不添加晶核剂的基础玻璃相比呈下降趋势，说明 TiO$_2$ 在一定程度上促进了玻璃的析晶，但析晶峰面积变化不大，峰形不尖锐，析晶能力不强。

6.3.5　Cr$_2$O$_3$ 对基础玻璃核化、晶化温度的影响

对添加 2% Cr$_2$O$_3$ 的 15 号基础玻璃试样进行差热分析，其 DTA 曲线如图 6-6 所示。

添加 2% Cr$_2$O$_3$ 基础玻璃的 DTA 曲线与不添加晶核剂基础玻璃的 DTA 曲线相比，其玻璃转变温度和析晶放热峰峰值温度分别为 756℃ 和 966℃，核化温度和晶化温度均升高，但晶化温度升高的幅度不大。产生此现象的主要原因是基础玻璃中 R$_2$O 含量较低，加入一定量的 Cr$_2$O$_3$ 后，玻璃的黏度增大，原子迁移能力减小，使玻璃的析晶

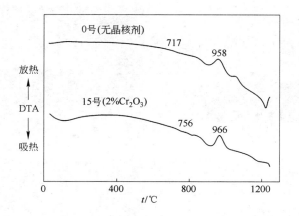

图 6-6 引入 Cr_2O_3 玻璃的 DTA 曲线

温度升高[11]。但加入 Cr_2O_3 基础玻璃的 DTA 曲线的峰形较尖锐，与不添加晶核剂的基础玻璃相比，玻璃析晶速率较快。

6.4 晶核剂对热处理后试样宏观形貌的影响

依据 6.3 节中添加不同种类及数量晶核剂的基础玻璃的 DTA 曲线，确定合适的热处理制度，对各试样进行晶化热处理。将热处理后的试样剖开，观察其断面，从宏观上观察其结晶情况，见图 6-7。

（1）不添加任何晶核剂的 0 号试样，在 820℃和 1000℃分别保温 1h 后，只有表面一薄层晶化，厚度大约为 0.3mm，内部为透明的玻璃相，试样明显地分为晶体和玻璃两相，析晶方式为表面析晶，见图 6-7(a)。

（2）1~4 号分别为添加了 2%、4%、6%、8% CaF_2 的试样，这些试样在 800℃核化 1h、989℃晶化 1h 后，只产生了表面晶化现象，晶体层厚度分别约为 1mm、1.2mm、1.3mm、1.8mm，内部仍为透明的玻璃态，见图 6-7(b)~(e)。将添加了 6% CaF_2 的 3 号试样在 800℃核化 2h，在 989℃晶化 2h，延长了核化与晶化热处理时间。与核化和晶化时间均为 1h 的 3 号试样相比，发现其仍为表面析晶，只是晶体层厚度有所增加，约为 2.5mm，内部仍为透明的玻璃态，见图 6-7(f)。

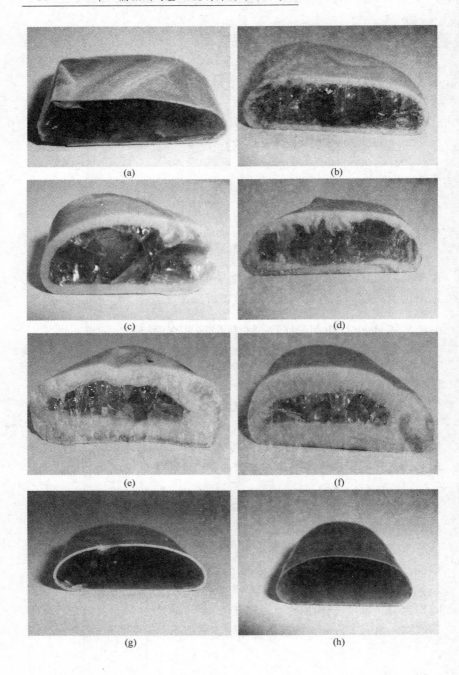

(i)

(j)

(k)

(l)

(m)

(n)

(o)

(p)

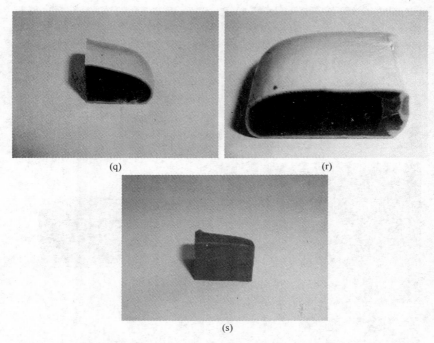

(q)　　　　　　　　　　　　　　(r)

(s)

图 6-7　不同晶核剂种类及数量的基础玻璃热处理后的断面照片

(a) 不添加晶核剂,820℃保温 1h,1000℃保温 1h; (b) 2% CaF_2 ,800℃核化 1h,989℃晶化 1h;

(c) 4% CaF_2 ,800℃核化 1h,989℃晶化 1h; (d) 6% CaF_2 ,800℃核化 1h,989℃晶化 1h;

(e) 8% CaF_2 ,800℃核化 1h,989℃晶化 1h; (f) 6% CaF_2 ,800℃核化 2h,989℃晶化 2h;

(g) 2% P_2O_5 ,790℃核化 1h,1015℃晶化 1h; (h) 4% P_2O_5 ,790℃核化 1h,1015℃晶化 1h;

(i) 6% P_2O_5 ,790 ℃核化 1h,1015℃晶化 1h; (j) 8% P_2O_5 ,790℃核化 1h,1015℃晶化 1h;

(k) 12% P_2O_5 ,790 ℃核化 1h,1015℃晶化 1h; (l) 2% Fe_2O_3 ,830℃核化 1h,1007℃晶化 1h;

(m) 4% Fe_2O_3 ,830℃核化 1h,1007℃晶化 1h; (n) 6% Fe_2O_3 ,830℃核化 1h,1007℃晶化 1h;

(o) 6% Fe_2O_3 ,830℃核化 2h,1007℃晶化 2h; (p) 2% TiO_2 ,790℃核化 1h,988℃晶化 1h;

(q) 8% TiO_2 ,790℃核化 1h,988℃晶化 1h; (r) 8% TiO_2 ,790℃核化 2h,988℃晶化 2h;

(s) 2% Cr_2O_3 ,810℃核化 1h,989℃晶化 1h

（3） 5～9 号分别为添加了 2%、4%、6%、8%、12% P_2O_5 （由 $Na_3(PO_4)\cdot12H_2O$ 引入）的试样，其热处理后的宏观形貌分别见图 6-7 (g)～(k)。在 790℃核化 1h、1015℃晶化 1h 后，添加了 2% P_2O_5 的试

样表面只有约 0.3mm 厚的结晶层，内部为玻璃态；当 P_2O_5 添加量为 4% 时，试样基本呈透明的玻璃态，几乎没有出现晶化现象；当 P_2O_5 添加量为 6% 时，玻璃出现了体积析晶现象，断面光滑，颜色均匀一致，但还有明显的玻璃光泽；当 P_2O_5 添加量提高到 8% 时，实现了体积析晶，试样断面光滑，呈均匀的浅绿色玉石状；当 P_2O_5 添加量继续提高到 12% 时，仍为体积析晶，试样断面呈黄白色，局部呈现浅蓝色，断面颜色不均匀，表明析晶不均匀，且断面有微裂纹出现。

（4）10～12 号分别为添加了 2%、4%、6% Fe_2O_3 的试样，其热处理后的宏观形貌分别见图 6-7(l)～(n)。在 830℃核化 1h、1007℃晶化 1h 后，10～12 号试样均产生了表面析晶现象，晶体层厚度分别约为 0.5mm、0.7mm、0.8mm，试样内部均呈颜色极深的透明玻璃态。将 12 号试样分别在 830℃核化 2h、1007℃晶化 2h，即延长热处理时间后，晶体层厚度增加，约为 1.2mm，试样内部仍呈透明的玻璃态，仍属于表面析晶，见图 6-7(o)。

（5）13 号、14 号分别为添加了 2%、8% TiO_2 的试样，其热处理后的宏观形貌分别见图 6-7(p)、(q)。在 790℃核化 1h、988℃晶化 1h 后，13 号、14 号试样只产生了表面析晶现象，晶体层厚度分别约为 0.3mm、0.5mm，试样内部仍呈透明的玻璃态。将 14 号试样在核化温度和晶化温度不变的情况下延长保温时间至 2h，晶体层厚度约为 0.8mm，内部呈透明的玻璃态，仍为表面析晶，见图 6-7(r)。

（6）15 号为添加 2% Cr_2O_3 的试样，在 810℃核化 1h、989℃晶化 1h后，产生了体积晶化现象，断面纹理一致，呈深绿色，析晶效果良好。

添加不同种类及数量的晶核剂时玻璃的析晶方式如表 6-4 所示。

表 6-4　添加不同种类及数量的晶核剂时玻璃的析晶方式

晶核剂 添加量/%	CaF_2	P_2O_5	Fe_2O_3	TiO_2	Cr_2O_3
2	表面析晶	表面析晶	表面析晶	表面析晶	体积析晶
4	表面析晶	表面析晶	表面析晶	—	—
6	表面析晶	体积析晶	表面析晶	—	—
8	表面析晶	体积析晶	—	表面析晶	—
12	—	体积析晶	—	—	—

由图 6-7 和表 6-4 可以发现，不添加任何晶核剂时，该系统基础玻璃的析晶方式为表面析晶。若加入 CaF_2 作晶核剂，当 CaF_2 加入量在 0~8% 范围内变动时，玻璃析晶方式仍为表面析晶，且随着 CaF_2 加入量的增多，晶体层厚度有所增加，CaF_2 在一定程度上促进了析晶，但不能实现体积析晶。若加入 P_2O_5（由 $Na_3(PO_4) \cdot 12H_2O$ 引入）作晶核剂，当 P_2O_5 加入量小于 4% 时，析晶方式为表面析晶，P_2O_5 的添加对该玻璃体系的析晶起到抑制作用；当其含量超过 4% 时，可促进该玻璃体系的体积析晶，且随着 P_2O_5 加入量的增大，体积晶化效果显著提高；当 P_2O_5 加入量为 8% 时，制得了均匀的浅绿色玉石状微晶玻璃；当 P_2O_5 添加量达 12% 时，虽能实现体积析晶，但析晶均匀度显著下降。若加入 Fe_2O_3、TiO_2 作晶核剂，当 Fe_2O_3 加入量在 0~6%、TiO_2 加入量在 0~8% 范围内变动时，析晶方式只能为表面析晶，虽然这两种晶核剂在一定程度上促进了玻璃的析晶，使晶体层厚度有所增加，但不能使基础玻璃实现体积析晶。当加入晶核剂 Cr_2O_3 且添加量仅为 2% 时，玻璃即发生体积析晶，晶化后试样的断面纹理均匀一致，析晶效果良好。

由此可见，Cr_2O_3 是 CaO-SiO_2-Al_2O_3-MgO 系统玻璃最有效的晶核剂，其添加量少，且析晶效果良好，在利用包钢高炉渣制备微晶玻璃选择晶核剂时，Cr_2O_3 应为首选。此外，以 $Na_3(PO_4) \cdot 12H_2O$ 的形式引入 P_2O_5 作晶核剂，当 P_2O_5 添加量为 8% 时也实现了体积析晶，制得了浅绿色玉石状微晶玻璃，但此时已转变为 CaO-Al_2O_3-MgO-SiO_2-P_2O_5-Na_2O 玻璃系统，微晶玻璃的主晶相已不再是辉石类晶体。

6.5　晶核剂对热处理后试样晶相组成及显微结构的影响

选取表面析晶的 0 号(不添加晶核剂)、3 号($6\% CaF_2$)、12 号($6\% Fe_2O_3$)、14 号($8\% TiO_2$) 试样，切取其晶体层，研磨处理后进行 XRD、SEM 分析；选取体积析晶的 7 号($6\% P_2O_5$)、8 号($8\% P_2O_5$)、9 号($12\% P_2O_5$)、15 号($2\% Cr_2O_3$) 试样，研磨处理后进行 XRD、SEM 分析，其 XRD 检测结果如图 6-8 所示，SEM 照片如图 6-9 所示。

(1) 首先分析添加不同种类晶核剂对热处理后试样晶相组成及显微结构的影响。

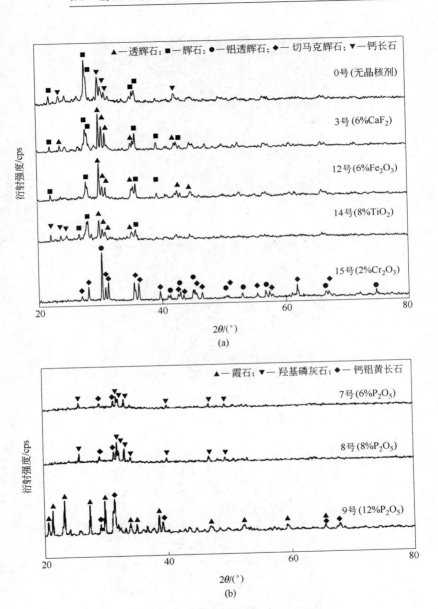

图 6-8 基础玻璃热处理后的 XRD 图谱

(a) 不同晶核剂种类；(b) 不同 P_2O_5 含量

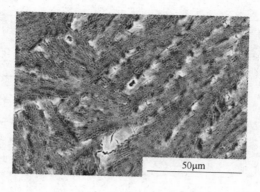

(a)

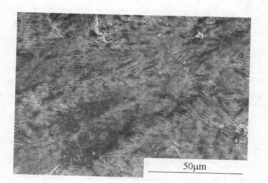

(b)

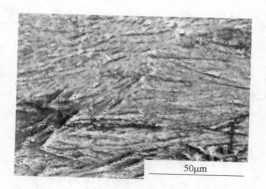

(c)

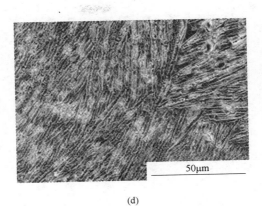

50μm

(d)

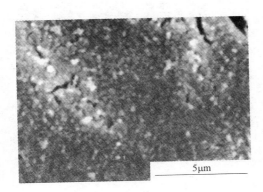

5μm

(e)

5μm

(f)

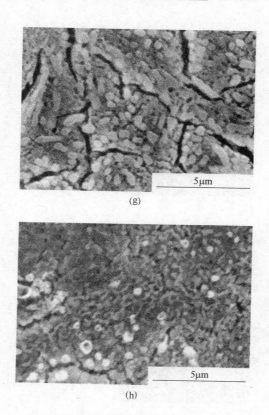

图 6-9　基础玻璃热处理后的 SEM 照片

（a）不添加晶核剂；（b）6% CaF_2；（c）6% Fe_2O_3；（d）8% TiO_2；
（e）2% Cr_2O_3；（f）6% P_2O_5；（g）8% P_2O_5；（h）12% P_2O_5

　　不添加任何晶核剂的 0 号试样在 820℃核化 1h、1000℃晶化 1h 后，主要析出矿物为辉石（$Mg_2Si_2O_6$）和钙长石（$CaAl_2Si_2O_8$）晶体。其 SEM 照片如图 6-9(a)所示，析晶方式为表面析晶，晶体层内粗大的树枝状晶体各向生长。

　　添加 6% CaF_2 的 3 号试样在 800℃核化 1h、989℃晶化 1h 后，主要析出透辉石（$CaMg(SiO_3)_2$）和辉石（$Mg_2Si_2O_6$）。与不添加任何晶核剂的 0 号试样相比，CaF_2 的加入有效促进了透辉石的析出，同时抑制了钙长石的析出。其 SEM 照片如图 6-9(b)所示，析晶方式仍为表面析晶，晶体层内树枝状晶体各向生长，主要为细小枝晶结构，表明 CaF_2 的加入在一定程度上促进了玻璃的成核，增加了晶核数量，造成析出晶体的尺寸减小，这与相关文献中提到的"CaF_2 有细化晶粒的作用"相一致[12]。

添加 6% Fe_2O_3 的 12 号试样在 830℃ 核化 1h、1007℃ 晶化 1h 后，主要析出透辉石 $CaMg(SiO_3)_2$ 和辉石 $Mg_2Si_2O_6$。与不添加任何晶核剂的 0 号试样相比，Fe_2O_3 的加入也有效促进了透辉石的析出，同时抑制了钙长石的析出。其 SEM 照片如图 6-9(c) 所示，析晶方式仍为表面析晶，晶层内致密的细针状晶体各向生长。

添加 8% TiO_2 的 14 号试样在 790℃ 核化 1h、988℃ 晶化 1h 后，主要析出透辉石（$CaMg(SiO_3)_2$）、辉石（$Mg_2Si_2O_6$）和少量钙长石（$CaAl_2Si_2O_8$）。TiO_2 的加入促进了透辉石的析出，但对钙长石析出的抑制作用比 CaF_2、Fe_2O_3 稍弱。其 SEM 照片如图 6-9(d) 所示，析晶方式仍为表面析晶，晶体层内柱状晶体各向生长。

添加 2% Cr_2O_3 的 15 号试样在 810℃ 核化 1h、989℃ 晶化 1h 后，主要析出铝透辉石 $Ca(Mg_{0.5}Al_{0.5})(Al_{0.5}Si_{1.5}O_6)$ 和切马克辉石 $CaAl_2SiO_6$，均属于辉石类晶体，说明添加少量的 Cr_2O_3 既可有效促进辉石类晶体的析出，同时也可抑制钙长石的析出。其 SEM 照片如图 6-9(e) 所示，析晶方式为体积析晶，可清晰地看到晶粒呈球状，尺寸为 $0.2 \sim 0.5\mu m$，分布均匀、致密，玻璃相较少，表明添加少量 Cr_2O_3 能够诱导基础玻璃的非均相成核，降低了晶核的形成势垒，从而有利于晶体的析出。

（2）再分析晶核剂 P_2O_5 添加数量对热处理后试样晶相组成及显微结构的影响。

分别添加 P_2O_5 6%、8%、12% 的 7 号、8 号、9 号试样，在 790℃ 核化 1h、1015℃ 晶化 1h 后，均为体积析晶。7 号试样的 XRD 衍射峰强度较小，说明析晶程度不高，析出了羟基磷灰石 $Ca_5(PO_4)_3(OH)$ 和少量钙铝黄长石 $Ca_2Al_2SiO_7$ 晶体。其 SEM 照片如图 6-9(f) 所示，由于残余玻璃相较多，经氢氟酸腐蚀后晶粒界面模糊，只有少量球状晶粒分布在玻璃相中。8 号试样的主晶相仍为羟基磷灰石和少量钙铝黄长石，与 7 号试样相比，其衍射峰强度明显增加，表明其析晶程度显著提高。其 SEM 照片如图 6-9(g)所示，短柱状及不规则球状晶粒分布在玻璃相中，晶粒分布较均匀、密集，但大小不一，球状晶粒粒径尺寸为 0.2~0.5μm，短柱状晶体的直径约为 0.5μm，长度小于 2μm。9 号试样的 XRD 衍射峰强度进一步增加，说明析晶率进一步提高，但析出晶体种类已发生变化，主要为霞石 $NaAlSiO_4$ 和钙铝黄长石。这主要是因为晶核剂 P_2O_5 是以 $Na_3(PO_4) \cdot 12H_2O$ 形式引入的，在引入 12% P_2O_5 的同时也引入了过多的 Na_2O，玻璃体系主要组分已经由 $CaO-SiO_2-MgO-Al_2O_3$ 体系转变为 $CaO-SiO_2-MgO-Al_2O_3-Na_2O-P_2O_5$ 体系，P_2O_5 不仅起到晶核剂的作用，而且由于其引入量较高，与其一起引入的 Na_2O 也参与了晶体的构成，成为组成主晶相的成分之一，故析出了主晶相霞石。其 SEM 照片如图 6-9(h)所示，晶粒多呈不规则的球状、板块状，球状晶粒直径约为 0.2μm，晶粒有聚集现象，分布不均匀。

由以上分析可知，晶核剂的种类及数量对热处理后试样的晶相组成及显微结构有非常显著的影响。晶核剂 CaF_2、Fe_2O_3、TiO_2 可促进透辉石的析出，抑制钙长石的析出，但只能使基础玻璃实现表面析晶；晶核剂 Cr_2O_3 可有效促进铝透辉石、切马克辉石等辉石类晶体的析出，同时抑制钙长石的析出，其加入量仅为 2% 时就可使基础玻璃实现体积析晶，获得晶粒分布均匀致密、直径为 0.2~0.5μm 的微晶玻璃显微结构；而晶核剂 P_2O_5 是以 $Na_3(PO_4) \cdot 12H_2O$ 形式引入的，当 P_2O_5 加入量为 8% 时，获得了晶粒分布较均匀、致密的微晶玻璃显微结构，主晶相为羟基磷灰石和少量钙铝黄长石；当 P_2O_5 加入量为 12% 时，析出霞石和钙铝黄长石。

6.6　微晶玻璃试样抗折强度分析

结合以上分析，选取实现体积析晶的 8 号(8% P_2O_5)、9 号(12% P_2O_5) 和 15 号(2% Cr_2O_3) 试样，采用三点弯曲法进行抗折强度测试，测得 8 号试样的抗折强度为 68.3MPa，9 号试样的脆性很强，其抗折强度几乎为零，而 15 号试样的抗折强度为 116.2MPa。

抗折强度不仅与微晶玻璃中的晶体含量有关，而且与晶体种类、大小、分布等也有关系。由 XRD 分析可知，加入 8% P_2O_5 的试样，主晶相为羟基磷灰石和钙铝黄长石，经 SEM 分析可知该试样晶粒分布较为均匀，可用作生物微晶玻璃；而加入 12% P_2O_5 的试样，主晶相为霞石和钙铝黄长石，由宏观照片可知该试样断面有微小裂纹出现，造成了结构上的缺陷，且在显微结构方面晶粒不均匀，有聚集现象，因此其抗折强度极低，没有应用价值；对于加入 2% Cr_2O_3 的试样，由 SEM 分析可知析出大量分布均匀的球状晶粒，且主晶相为铝透辉石和切马克辉石，与设计基础玻璃配方时预期的主晶相一致。辉石类晶体本身具有较高的机械强度，所以在这三个试样中 15 号试样具有最高的抗折强度，可用作建筑微晶玻璃。

6.7　小结

（1）采用包钢高炉渣制备 $CaO\text{-}SiO_2\text{-}MgO\text{-}Al_2O_3$ 体系微晶玻璃时，单一晶核剂 CaF_2、Fe_2O_3、TiO_2 均可促进该玻璃体系透辉石的析出，同时抑制钙长石的析出，但均属于表面析晶。

（2）采用包钢高炉渣制备 $CaO\text{-}SiO_2\text{-}MgO\text{-}Al_2O_3$ 系微晶玻璃，单一晶核剂 P_2O_5 以 $Na_3(PO_4)\cdot 12H_2O$ 形式引入。当 P_2O_5 加入量低于 4% 时，抑制该玻璃体系的析晶，且为表面析晶；当 P_2O_5 加入量超过 4% 时，促进该玻璃体系的体积析晶，析出主晶相为羟基磷灰石和少量钙铝黄长石；当 P_2O_5 含量为 8% 时，析晶效果较好，抗折强度为 68.3MPa，可作为生物微晶玻璃。

（3）采用包钢高炉渣制备 $CaO\text{-}SiO_2\text{-}MgO\text{-}Al_2O_3$ 体系微晶玻璃，单一晶核剂 Cr_2O_3 可有效促进辉石类晶体的析出，同时抑制钙长石的析出，还可促进该玻璃体系的体积析晶。当其加入量仅为 2% 时，即可制得以辉石类晶体为主晶相的建筑微晶玻璃，其抗折强度达 116.2MPa。

参 考 文 献

[1] 宋开新，俞建长. 微晶玻璃的制备与应用[J]. 山东陶瓷，2002，25(1)：17~20.
[2] 陈国华，刘心宇. 矿渣微晶玻璃的制备及展望[J]. 陶瓷，2002，(4)：16~20.
[3] 唐绍裘，梁忠军. Cr_2O_3、ZrO_2、P_2O_5、TiO_2 晶核剂对锑炉渣玻璃陶瓷微晶化过程的影响[J]. 陶瓷研究，1992，7(3)：133~139.

[4] 张术根, 韦奇, 王大伟. 以 Fe_2O_3 作晶核剂的尾矿玻璃陶瓷晶化研究[J]. 硅酸盐通报, 1999, (4): 76~80.

[5] 刘军, 陈小蔓, 徐长伟. TiO_2 和 Cr_2O_3 复合晶核剂对微晶玻璃晶化行为的影响[J]. 沈阳建筑工程学院学报, 2001, 17(3): 206~209.

[6] 田清波, 蔡元兴, 岳雪涛, 等. Fe_2O_3, ZrO_2 及 F 对 $CaO-MgO-Al_2O_3-SiO_2$ 系微晶玻璃析晶行为的影响[J]. 硅酸盐学报, 2008, 36(1): 119~121.

[7] 蒋洋, 成惠峰, 徐健, 等. 体积法制备 $CaO-Al_2O_3-SiO_2$ 系微晶玻璃晶核剂的选择[J]. 陶瓷, 2009, (12): 31~35.

[8] 杨秋红, 姜中宏. 玻璃析晶动力学判据研究[J]. 硅酸盐学报, 1994, 22(5): 419~426.

[9] 史培阳, 张影, 张大勇, 等. 矿渣微晶玻璃的析晶行为与性能[J]. 中国有色金属学报, 2007, 12(2): 341~347.

[10] 田清波, 杨莉, 岳雪涛, 等. 成核剂对 $SiO_2-Al_2O_3-MgO-F$ 系微晶玻璃析晶的影响[J]. 稀土金属材料与工程, 2009, 38(2): 1124~1127.

[11] 腾立东. $CaO-Al_2O_3-SiO_2$ 系统中复合晶核剂 ($CaF_2 + Cr_2O_3$) 的作用研究[J]. 山东轻工业学院学报, 1992, 6(1): 1~8.

[12] 肖家乐, 冯有利, 丁生祥, 等. 微晶玻璃相分析的应用[J]. 矿业快报, 2008(8): 57~59.

7 基础玻璃的析晶动力学分析

由前面分析可知，包钢高炉渣本身所含有的特殊组分在一定程度上可促进基础玻璃的析晶，但属于表面析晶。因此，有必要添加适当的晶核剂与高炉渣中的某些特殊组分共同作用，以促进玻璃的体积析晶，使其达到良好的析晶效果。添加不同种类及数量的晶核剂对基础玻璃析晶动力学参数的影响不同，添加适当种类及数量的晶核剂可提高晶体生长指数 n，促使玻璃体积析晶，且晶粒细小。由第 6 章可知，分别添加 $2\% Cr_2O_3$ 和 $8\% P_2O_5$ 作为晶核剂时，玻璃经热处理后达到了体积析晶的效果，获得了晶粒分布均匀、致密的微晶玻璃显微结构；而以 CaF_2、Fe_2O_3、TiO_2 以及不超过 $4\% P_2O_5$ 作为晶核剂时，玻璃经热处理后均为表面析晶，不能实现体积析晶。

本章主要采用 DTA 分析方法，分别对添加 $2\% Cr_2O_3$、$8\% P_2O_5$、$8\% CaF_2$、$6\% Fe_2O_3$、$8\% TiO_2$ 和 $4\% P_2O_5$ 作晶核剂时基础玻璃的析晶动力学进行分析研究，为制备包钢高炉渣微晶玻璃在选择适当种类及数量的晶核剂方面提供理论依据。

7.1 基础玻璃的 DTA 分析

采用第 3 章所述的 40% 高炉渣配比的基础玻璃配方，以包钢高炉水淬渣、石英砂为主要原料，再添加少量的纯化学试剂 CaO、MgO、Al_2O_3 等配制基础玻璃。

在基础玻璃主要化学组成一定的情况下，分别对另外添加 2% Cr_2O_3、$8\% P_2O_5$、$8\% CaF_2$、$6\% Fe_2O_3$、$8\% TiO_2$ 和 $4\% P_2O_5$ 的 6 组基础玻璃进行 DTA 分析，以不同升温速率下 DTA 曲线上的析晶放热峰峰值温度作为基础玻璃析晶动力学分析的基础数据。其中，P_2O_5 仍以 $Na_3(PO_4) \cdot 12H_2O$ 的形式引入，基础玻璃的化学组成如表7-1 所示。

表7-1　基础玻璃的化学组成 (w)　　　　（%）

试　样	主要化学组成					晶核剂组成				
	CaO	SiO₂	MgO	Al₂O₃	总计	Cr₂O₃	P₂O₅	CaF₂	Fe₂O₃	TiO₂
A	26	54	10	10	100	2	0	0	0	0
B	26	54	10	10	100	0	8	0	0	0
C	26	54	10	10	100	0	0	8	0	0
D	26	54	10	10	100	0	0	0	6	0
E	26	54	10	10	100	0	0	0	0	8
F	26	54	10	10	100	0	4	0	0	0

将基础玻璃试样 A （添加 2% Cr_2O_3）、B （添加 8% P_2O_5）、C （添加 8% CaF_2）、D （添加 6% Fe_2O_3）、E （添加 8% TiO_2）、F （添加 4% P_2O_5），分别在 Ar 气氛下以不同的升温速率 α（5℃/min、10℃/min、15℃/min、20℃/min、25℃/min）从室温升至 1200℃ 进行差热分析，其 DTA 曲线如图 7-1 所示，析晶峰峰值温度 t_p 列于表 7-2。

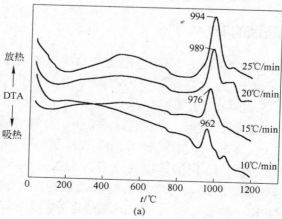

(a)

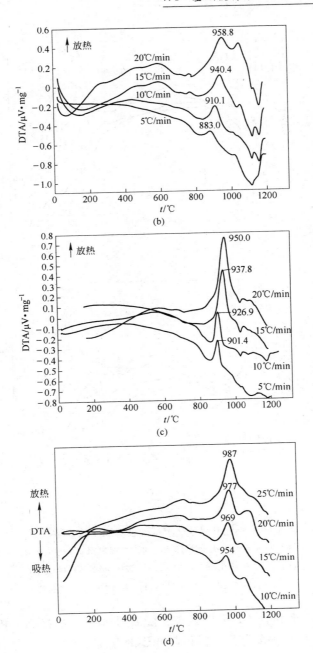

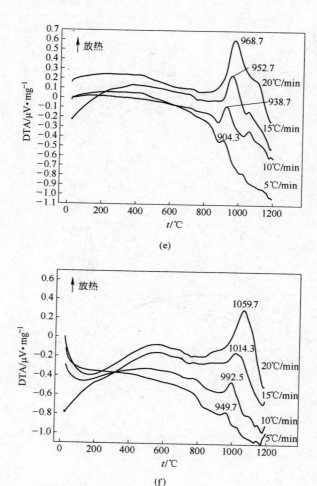

图 7-1　不同升温速率下基础玻璃试样的 DTA 曲线

（a）添加 2% Cr_2O_3 的试样 A；（b）添加 8% P_2O_5 的试样 B；
（c）添加 8% CaF_2 的试样 C；（d）添加 6% Fe_2O_3 的试样 D；
（e）添加 8% TiO_2 的试样 E；（f）添加 4% P_2O_5 的试样 F

由图 7-1 和表 7-2 可以发现，随着升温速率的提高，析晶放热峰峰值温度 t_p 逐渐升高，且析晶峰逐渐变高、变宽。这是因为当升温速率较小时，玻璃将由大量无定向的短程有序原子状态向长程有序状态转变，玻璃向晶相转变有充足的孕育时间，玻璃可以相对较早地发生晶相转变，析晶放热峰温度 t_p 较低，瞬时转变速率小，析晶转变峰较平缓；当升温速率较快时，玻璃析晶相对滞后，析晶放热峰温度 t_p 提高，瞬时转变速率大，快速析晶，析晶放热峰会相对尖锐。

表 7-2 不同升温速率下试样的析晶放热峰峰值温度 t_p

试 样	t_p/℃				
	$\alpha = 5℃/min$	$\alpha = 10℃/min$	$\alpha = 15℃/min$	$\alpha = 20℃/min$	$\alpha = 25℃/min$
A	—	962.0	976.0	989.0	994.0
B	883.0	910.1	940.4	958.8	—
C	901.4	926.9	937.8	950.0	—
D	—	954.0	969.0	977.0	987.0
E	904.3	938.7	952.7	968.7	—
F	949.7	992.5	1014.3	1059.7	—

7.2 基础玻璃的热稳定性分析

玻璃的热稳定性在一定程度上反映了玻璃析晶的难易程度，有多种表示方法，但这些方法大都基于玻璃的特征温度[1]。ΔT、H' 是表征玻璃稳定性的两个重要参数，ΔT 为玻璃的起始结晶温度 T_c 与玻璃的转变温度 T_g 之差，即 $\Delta T = T_c - T_g$，权重稳定参数 $H' = (T_c - T_g)/T_g$。ΔT、H' 值越大，玻璃越稳定；ΔT、H' 值越小，玻璃的稳定性越差，越容易析晶。表 7-3 列出了升温速率 $\alpha = 10℃/min$ 时添加 6 种不同种类及数量晶核剂的基础玻璃试样的特征温度及稳定性参数。

由表 7-3 可知，基础玻璃的稳定性参数 ΔT、H' 按照由小到大的顺序排列为：B、E < A、C、D < F。由此可见，基础玻璃 B、E 的稳定性最差，最容易析晶；A、C、D 的稳定性居中；F 的稳定性最好，最不易析晶。基础玻璃试样 A ~ F 分别在其核化温度及晶化温度下热处理 1h 后的宏观形貌见图 7-2，可以发现，添加 8% P_2O_5 的玻璃 B 实

现了体积析晶，析晶能力很强，说明该玻璃稳定性很差；而添加4%
P_2O_5 的玻璃 F 几乎没有析晶，析晶能力最差，说明其具有很高的稳
定性。因此，基础玻璃热处理后的析晶效果与玻璃稳定性的分析结果

表 7-3 $\alpha = 10℃/min$ 时基础玻璃试样的特征温度及稳定性参数

试 样	晶核剂	T_g/K	T_c/K	$\Delta T/K$	H'
A	2% Cr_2O_3	1017.0	1197.0	180.0	0.18
B	8% P_2O_5	981.5	1115.5	134.0	0.14
C	8% CaF_2	964.2	1143.8	179.5	0.19
D	6% Fe_2O_3	1008.0	1194.0	186.0	0.19
E	8% TiO_2	1022.8	1166.8	144.0	0.14
F	4% P_2O_5	986.4	1211.4	225.0	0.23

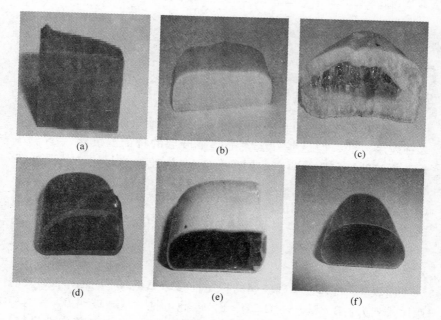

图 7-2 各基础玻璃试样热处理后的宏观形貌

(a)添加2% Cr_2O_3 的试样 A；(b)添加8% P_2O_5 的试样 B；(c)添加8% CaF_2 的试样 C；
(d)添加6% Fe_2O_3 的试样 D；(e)添加8% TiO_2 的试样 E；(f)添加4% P_2O_5 的试样 F

基本一致，只是由玻璃的稳定性指标无法判断其析晶方式，比如稳定性较差的基础玻璃 E($\Delta T = 144$K，$H' = 0.14$) 为表面析晶，而稳定性相对较好的基础玻璃 A($\Delta T = 180$K，$H' = 0.18$) 则实现了体积析晶。关于基础玻璃的析晶方式，应通过其他析晶动力学参数（如晶体生长指数 n）来判断。

7.3 晶体生长指数的计算分析

玻璃有表面晶化和体积晶化两种析晶机制。当玻璃析晶能力很强时，晶化过程在玻璃内部和表面同时进行，玻璃发生体积晶化；反之，玻璃仅发生表面晶化。n 是晶体生长指数，在一定程度上反映了析晶的难易程度和晶体的析晶方式。一般来说，n 值越大，就越容易析晶。当晶体生长指数 $0 < n < 3$ 时，玻璃以表面晶化的方式进行析晶；而当晶体生长指数 $n \geqslant 3$ 时，玻璃以体积晶化的方式进行析晶[2]。

下面依据图 7-1 中基础玻璃在不同升温速率下的 DTA 曲线，分别对添加 2% Cr_2O_3、8% P_2O_5、8% CaF_2、6% Fe_2O_3、8% TiO_2、4% P_2O_5 的基础玻璃进行晶体生长指数的计算，以分析确定其析晶机制。

7.3.1 添加 2% Cr_2O_3 基础玻璃的晶体生长指数

要确定玻璃的晶体生长指数，首先要计算玻璃的析晶活化能 E。

7.3.1.1 添加 2% Cr_2O_3 基础玻璃的析晶活化能

玻璃态向结晶态转化时，需要有一定的活化能以克服结构单元重排时的势垒。关于析晶活化能有两种相反的说法，一般认为势垒越高，所需的析晶活化能越大，玻璃的析晶能力越小；反之，析晶能力越大。而 M. Poulain 认为析晶活化能与某温度下的剪切黏度相同，析晶活化能越小，则玻璃越稳定，玻璃的析晶能力越小。因此，析晶活化能在一定程度上反映了玻璃析晶能力的大小[3~5]。

在非等温条件下，广泛应用于计算玻璃析晶活化能的是 Kissinger

方程[6~9]:

$$\ln(T_p^2/\alpha) = E/(RT_p) + \ln(E/R) - \ln\nu \qquad (7\text{-}1)$$

式中 α——差热分析的升温速率;

   T_p——DTA 曲线上析晶放热峰峰值温度;

   ν——频率因子。

由式（7-1）可知，$\ln(T_p^2/\alpha)$ 对 $1/T_p$ 作图，对各点进行直线拟合，斜率为 E/R，截距为 $\ln(E/R) - \ln\nu$，由此可求得析晶活化能 E 和频率因子 ν。

添加 2% Cr_2O_3 作晶核剂时基础玻璃（试样 A）的 $\ln(T_p^2/\alpha)$-$1/T_p$ 图见图 7-3。由 Kissinger 方程求得添加 2% Cr_2O_3 基础玻璃的析晶活化能及频率因子，如表 7-4 所示。试样 A 的析晶活化能为 336.44kJ/mol。

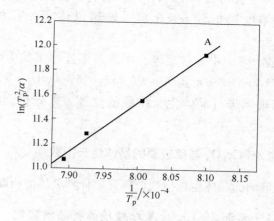

图 7-3 添加 2% Cr_2O_3 基础玻璃的 $\ln(T_p^2/\alpha)$-$1/T_p$ 图

表 7-4 添加 2% Cr_2O_3 基础玻璃的析晶活化能及频率因子

试　样	$E/kJ \cdot mol^{-1}$	ν/min^{-1}
A	336.44	4.512×10^{13}

7.3.1.2 添加 2% Cr_2O_3 基础玻璃的晶体生长指数

采用 Kissinger 法计算出析晶活化能 E 后，晶体生长指数 n 可以由 Augis-Bennett 方程[10,11]获得：

$$n = \frac{2.5T_p^2}{\Delta TE/R} \tag{7-2}$$

式中 T_p——DTA 曲线上析晶放热峰峰值温度；

ΔT——DTA 析晶放热峰的半高宽。

根据式（7-2）计算得到晶体生长指数 n，结果见表 7-5。

表 7-5 添加 2% Cr_2O_3 基础玻璃在不同升温速率下的晶体生长指数

试样	n			
	10℃/min	15℃/min	20℃/min	25℃/min
A	2.86	2.24	2.09	1.71

从表 7-5 可以看出，在升温速率为 10 ~ 25℃/min 的范围内，添加 2% Cr_2O_3 试样 A 的晶体生长指数 n 均小于 3，并且随着升温速率的减小，晶体生长指数逐渐增大。以升温速率 α 为横坐标、晶体生长指数 n 为纵坐标作图，并进行直线拟合，如图 7-4 所示，得到试样 A 的 n-α 拟合直线方程为：$n = 3.485 - 0.072\alpha$。当 $n \geqslant 3$ 时，$\alpha \leqslant 6.7$℃/min，说明在一定条件下（升温速率 α 控制在 6.7℃/min 以下），试样 A 的晶体生长指数 $n \geqslant 3$，可以实现体积析晶。

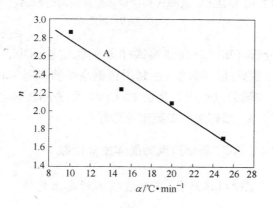

图 7-4 试样 A 的 n-α 图

7.3.1.3   添加 2% Cr_2O_3 基础玻璃热处理后的析晶效果

由试样 A 的晶体生长指数分析可知，当在基础玻璃中添加 2% Cr_2O_3 作晶核剂时，在一定条件下进行热处理，可以实现基础玻璃的体积析晶。

依据试样 A 的 DTA 曲线，对添加 2% Cr_2O_3 的基础玻璃进行热处理，热处理后试样 A 的宏观形貌及断面的 SEM 照片如图 7-5 所示。热处理后试样呈深绿色，从 SEM 照片可以看出，试样 A 为体积析晶，晶粒细小、均匀、致密，呈球状，直径为 0.2 ~ 0.5μm。

(a)   (b)

图 7-5   热处理后试样 A 的宏观形貌及断面的 SEM 照片
(a) 宏观形貌；(b) 显微结构

由以上分析可知，基础玻璃试样 A 的稳定性居中，在一定条件下可以实现体积析晶。因此，在利用包钢高炉渣制备 CaO-SiO_2-MgO-Al_2O_3 系微晶玻璃的过程中，添加 2% Cr_2O_3 作为晶核剂可以获得晶粒细小且分布均匀、致密的微晶玻璃显微结构。

7.3.2   添加 8% P_2O_5 基础玻璃的晶体生长指数

7.3.2.1   添加 8% P_2O_5 基础玻璃的析晶活化能

依据 Kissinger 方程，添加 8% P_2O_5 作晶核剂时基础玻璃（试样

B) 的 $\ln(T_p^2/\alpha)$-$1/T_p$ 图见图 7-6，其析晶活化能及频率因子如表 7-6 所示。试样 B 的析晶活化能为 198.623kJ/mol。

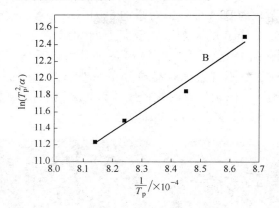

图 7-6 添加 8% P_2O_5 基础玻璃的 $\ln(T_p^2/\alpha)$-$1/T_p$ 图

表 7-6 添加 8% P_2O_5 基础玻璃的析晶活化能及频率因子

试 样	$E/kJ \cdot mol^{-1}$	ν/min^{-1}
B	198.623	8.9×10^7

7.3.2.2 添加 8% P_2O_5 基础玻璃的晶体生长指数

采用 Kissinger 法计算出析晶活化能 E 后，晶体生长指数 n 同样由 Augis-Bennett 方程求得。添加 8% P_2O_5 基础玻璃在不同升温速率下的晶体生长指数计算结果见表 7-7。在升温速率为 5~20℃/min 的范围内，添加 8% P_2O_5 试样 B 的晶体生长指数 n 的平均值为 3.52，大于 3，其析晶机制应为体积析晶。

表 7-7 添加 8% P_2O_5 基础玻璃在不同升温速率下的晶体生长指数

试 样	n 平均值	n			
		5℃/min	10℃/min	15℃/min	20℃/min
B	3.52	5.47	4.19	2.87	1.53

7.3.2.3 添加 8% P_2O_5 基础玻璃热处理后的析晶效果

由试样 B 的晶体生长指数分析可知，当在基础玻璃中添加 8%

P_2O_5 作晶核剂时，在一定热处理条件下可以实现基础玻璃的体积析晶。

依据试样 B 的 DTA 曲线，对添加 8% P_2O_5 的基础玻璃进行热处理，热处理后试样 B 的宏观形貌及断面的 SEM 照片如图 7-7 所示。热处理后试样呈浅绿色玉石状，从 SEM 照片可以看出，试样 B 为体积析晶，短柱状及不规则球状晶粒分布在玻璃相中，晶粒分布较均匀，但大小不一。球状晶粒的粒径尺寸为 0.2 ~ 0.5 μm；短柱状晶体的直径约为 0.5 μm，长度小于 2 μm。

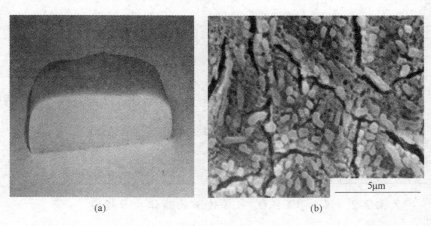

(a)　　　　　　　　　　　　　　(b)

图 7-7　热处理后试样 B 的宏观形貌及断面的 SEM 照片
(a) 宏观形貌；(b) 显微结构

由前面分析可知，基础玻璃试样 B 的稳定性很差，晶体生长指数 $n > 3$，在一定的热处理条件下可以实现体积析晶。因此，在利用包钢高炉渣制备微晶玻璃的过程中，添加 8% P_2O_5 作为晶核剂时，可以获得较为理想的微晶玻璃显微结构。

7.3.3　添加 8% CaF_2 基础玻璃的晶体生长指数

7.3.3.1　添加 8% CaF_2 基础玻璃的析晶活化能

根据 Kissinger 方程，将添加 8% CaF_2 基础玻璃试样 C 的

$\ln(T_p^2/\alpha)$ 对 $1/T_p$ 作直线，具体见图7-8。试样 C 的析晶活化能及频率因子如表7-8所示，其析晶活化能为 333.791kJ/mol。

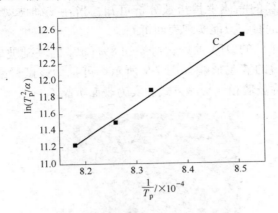

图 7-8 添加 8% CaF_2 基础玻璃的 $\ln(T_p^2/\alpha)$-$1/T_p$ 图

表 7-8 添加 8% CaF_2 基础玻璃的析晶活化能及频率因子

试 样	E/kJ·mol^{-1}	ν/min^{-1}
C	333.791	9.9×10^{13}

7.3.3.2 添加 8% CaF_2 基础玻璃的晶体生长指数

采用 Kissinger 法计算出析晶活化能 E 后，晶体生长指数 n 仍由 Augis-Bennett 方程（见式（7-2））获得，不同升温速率下试样 C 的晶体生长指数见表7-9。

表 7-9 添加 8% CaF_2 基础玻璃在不同升温速率下的晶体生长指数

试 样	n 平均值	n			
		5℃/min	10℃/min	15℃/min	20℃/min
C	2.55	3.69	2.82	2.06	1.61

由表7-9可以看出，在升温速率为 5～20℃/min 的范围内，添加 8% CaF_2 试样 C 的晶体生长指数 n 的平均值为 2.55，小于3，其析晶机制应为表面析晶。

7.3.3.3　添加 8% CaF_2 基础玻璃热处理后的析晶效果

由试样 C 的晶体生长指数分析可知，当在基础玻璃中添加 8% CaF_2 作晶核剂时，只能实现表面析晶。

依据试样 C 的 DTA 曲线，对添加 8% CaF_2 的基础玻璃进行热处理，热处理后的宏观形貌如图 7-9 所示。可见，该试样表面为晶体层，内部仍为玻璃相，析晶方式确实为表面析晶。

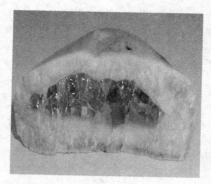

图 7-9　热处理后试样 C 的宏观形貌

由以上分析可知，基础玻璃试样 C 的稳定性居中，在热处理过程中只能进行表面析晶。因此，在利用包钢高炉渣制备 $CaO\text{-}SiO_2\text{-}MgO\text{-}Al_2O_3$ 系微晶玻璃的过程中，若只添加 8% CaF_2 作为晶核剂，无法制得微晶玻璃。

7.3.4　添加 6% Fe_2O_3 基础玻璃的晶体生长指数

7.3.4.1　添加 6% Fe_2O_3 基础玻璃的析晶活化能

根据 Kissinger 方程，将添加 6% Fe_2O_3 基础玻璃试样的 $\ln(T_p^2/\alpha)$ 对 $1/T_p$ 作直线，具体见图 7-10。试样 D 的析晶活化能及频率因子如表 7-10 所示，其析晶活化能为 343.03kJ/mol。

表 7-10　添加 6% Fe_2O_3 基础玻璃的析晶活化能及频率因子

试　样	$E/\text{kJ} \cdot \text{mol}^{-1}$	ν/min^{-1}
D	343.03	1.099×10^{14}

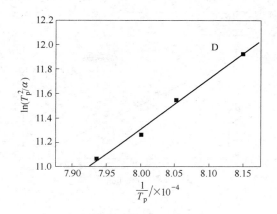

图 7-10　添加 $6\% \, Fe_2O_3$ 基础玻璃的 $\ln(T_p^2/\alpha)$-$1/T_p$ 图

7.3.4.2　添加 $6\% \, Fe_2O_3$ 基础玻璃的晶体生长指数

采用 Kissinger 法计算出析晶活化能 E 后，晶体生长指数 n 仍由 Augis-Bennett 方程获得，不同升温速率下试样 D 的晶体生长指数见表 7-11。为了求得 5℃/min 升温速率下的晶体生长指数，以升温速率 α 为横坐标、晶体生长指数 n 为纵坐标作图，并进行直线拟合，如图 7-11所示，得到试样 D 的 n-α 直线拟合方程为：$n = 2.928 - 0.056\alpha$。当升温速率 $\alpha = 5℃/min$ 时，晶体生长指数 $n = 2.65$。故在升温速率为 5 ~ 20℃/min 的范围内，添加 $6\% \, Fe_2O_3$ 试样 D 的晶体生长指数 n 的平均值为 $(2.65 + 2.34 + 2.12 + 1.86)/4 = 2.24$，小于 3，其析晶方式应为表面析晶。

表 7-11　添加 $6\% \, Fe_2O_3$ 基础玻璃在不同升温速率下的晶体生长指数

试 样	n 平均值	n				
		5℃/min	10℃/min	15℃/min	20℃/min	25℃/min
D	2.24	2.65	2.34	2.12	1.86	1.5

7.3.4.3　添加 $6\% \, Fe_2O_3$ 基础玻璃热处理后的析晶效果

由试样 D 的晶体生长指数分析可知，当在基础玻璃中添加 6%

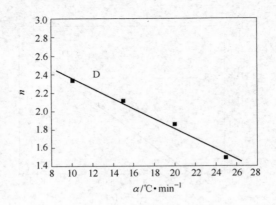

图 7-11　试样 D 的 n-α 图

Fe_2O_3 作晶核剂时，只能实现表面析晶。

　　依据试样 D 的 DTA 曲线，对添加 6% Fe_2O_3 的基础玻璃进行热处理，热处理后的宏观形貌如图 7-12 所示。可见，试样表面为晶体层，内部仍为玻璃相，析晶方式确实为表面析晶。

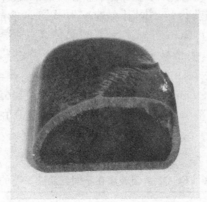

图 7-12　热处理后试样 D 的宏观形貌

　　由以上分析可知，基础玻璃试样 D 的稳定性居中，晶体生长指数小于 3，在热处理过程中只能实现表面析晶。因此，在利用包钢高炉渣制备 CaO-SiO_2-MgO-Al_2O_3 系微晶玻璃的过程中，若只添加 6% Fe_2O_3 作为晶核剂，无法制得微晶玻璃。

7.3.5 添加 8% TiO₂ 基础玻璃的晶体生长指数

7.3.5.1 添加 8% TiO₂ 基础玻璃的析晶活化能

根据 Kissinger 方程, 将添加 8% TiO_2 基础玻璃试样的 $\ln(T_p^2/\alpha)$ 对 $1/T_p$ 作直线, 具体见图 7-13。试样 E 的析晶活化能及频率因子如表 7-12 所示, 其析晶活化能为 246.007kJ/mol。

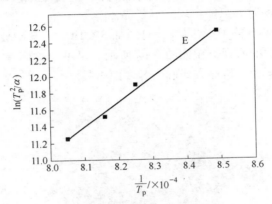

图 7-13 添加 8% TiO_2 基础玻璃的 $\ln(T_p^2/\alpha)$-$1/T_p$ 图

表 7-12 添加 8% TiO₂ 基础玻璃的析晶活化能及频率因子

试 样	$E/\text{kJ} \cdot \text{mol}^{-1}$	ν/min^{-1}
E	246.007	8.6×10^9

7.3.5.2 添加 8% TiO₂ 基础玻璃的晶体生长指数

采用 Kissinger 法计算出析晶活化能 E 后, 晶体生长指数 n 由 Augis-Bennett 方程获得, 不同升温速率 (5~20℃/min) 下试样 E 的晶体生长指数见表 7-13。在升温速率为 5~20℃/min 的范围内, 添加 8% TiO_2 试样 E 的晶体生长指数 n 的平均值为 1.95, 小于 3, 其析晶方式应为表面析晶。

表 7-13 添加 8% TiO_2 基础玻璃在不同升温速率下的晶体生长指数

试 样	n 平均值	n			
		5℃/min	10℃/min	15℃/min	20℃/min
E	1.95	1.27	2.97	2.04	1.53

7.3.5.3 添加 8% TiO_2 基础玻璃热处理后的析晶效果

由试样 E 的晶体生长指数分析可知，当在基础玻璃中添加 8% TiO_2 作晶核剂时，只能实现表面析晶。

依据试样 E 的 DTA 曲线，对添加 8% TiO_2 的基础玻璃进行热处理，热处理后的宏观形貌如图 7-14 所示。可见，试样表面为晶体层，内部仍为玻璃相，析晶方式确实为表面析晶。

图 7-14 热处理后试样 E 的宏观形貌

由以上分析可知，基础玻璃试样 E 虽然稳定性较差，但晶体生长指数较低，其平均值仅为 1.95，小于 3，在热处理过程中只能实现表面析晶。因此，在利用包钢高炉渣制备 CaO-SiO₂-MgO-Al₂O₃ 系微晶玻璃过程中，若只添加 8% TiO_2 作为晶核剂，无法制得微晶玻璃。

7.3.6 添加 4% P_2O_5 基础玻璃的晶体生长指数

7.3.6.1 添加 4% P_2O_5 基础玻璃的析晶活化能

根据 Kissinger 方程，将添加 4% P_2O_5 基础玻璃试样的 $\ln(T_p^2/\alpha)$

对 $1/T_p$ 作直线,具体见图7-15。试样F的析晶活化能及频率因子如表7-14所示,其析晶活化能为151.905kJ/mol。

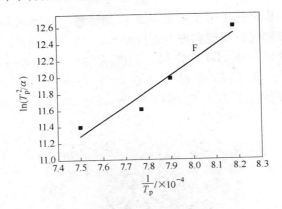

图7-15 添加4%P_2O_5基础玻璃的$\ln(T_p^2/\alpha)$-$1/T_p$图

表7-14 添加4%P_2O_5基础玻璃的析晶活化能及频率因子

试 样	$E/kJ \cdot mol^{-1}$	ν/min^{-1}
F	151.905	2.1×10^5

7.3.6.2 添加4%P_2O_5基础玻璃的晶体生长指数

采用 Kissinger 法计算出析晶活化能 E 后,晶体生长指数 n 由 Augis-Bennett 方程获得,不同升温速率(5~20℃/min)下试样F的晶体生长指数见表7-15。在升温速率为5~20℃/min的范围内,添加4%P_2O_5试样F的晶体生长指数 n 的平均值为2.17,小于3,其析晶方式应为表面析晶。

表7-15 添加4%P_2O_5基础玻璃在不同升温速率下的晶体生长指数

试 样	n平均值	n			
		5℃/min	10℃/min	15℃/min	20℃/min
F	2.17	0.73	2.80	2.78	2.37

7.3.6.3　添加4%P_2O_5基础玻璃热处理后的析晶效果

由试样 F 的晶体生长指数分析可知，当在基础玻璃中添加 4% P_2O_5 作晶核剂时，只能实现表面析晶。

依据试样 F 的 DTA 曲线，对添加 4% P_2O_5 的基础玻璃进行热处理，热处理后的宏观形貌如图 7-16 所示。可见，试样表面为薄薄的晶体层，内部仍为玻璃相，析晶方式确实为表面析晶。

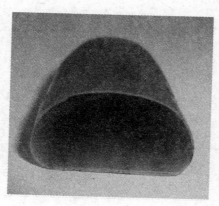

图 7-16　热处理后试样 F 的宏观形貌

由以上分析可知，基础玻璃试样 F 的稳定性最好，其晶体生长指数较低，平均值仅为 2.17，小于 3，在热处理过程中只能实现表面析晶。因此，在利用包钢高炉渣制备 CaO-SiO_2-MgO-Al_2O_3 系微晶玻璃过程中，若添加 4% P_2O_5 作为晶核剂，无法制得微晶玻璃。

7.4　小结

（1）采用包钢高炉渣制备微晶玻璃，添加 8% P_2O_5 或 8% TiO_2 作晶核剂时，基础玻璃的热稳定性较差，较容易析晶；添加 2% Cr_2O_3、8% CaF_2 或 6% Fe_2O_3 作晶核剂时，基础玻璃的热稳定性居中；而添加 4% P_2O_5 作晶核剂时，基础玻璃的热稳定性最好，最不易析晶。

（2）采用包钢高炉渣制备微晶玻璃，通过 Kissinger 方程确定玻璃的析晶活化能 E，并由 Augis-Bennett 方程确定玻璃的晶体生长指数 n。结果表明，添加 2% Cr_2O_3、8% P_2O_5 作晶核剂时，玻璃的晶体生长指数大于 3，析晶方式应为整体析晶，其基础玻璃经热处理后确实实现了整体析晶，获得了晶粒细小且分布均匀、致密的微晶玻璃显微结构；添加 8% CaF_2、6% Fe_2O_3、8% TiO_2、4% P_2O_5 作晶核剂时，基础玻璃的晶体生长指数均小于 3，析晶方式应为表面析晶，其基础玻璃经热处理后确实为表面析晶。析晶动力学的理论分析结果与实验结果相一致。

（3）采用包钢高炉渣制备 CaO-SiO_2-MgO-Al_2O_3 系微晶玻璃的过程中，在晶核剂的选择方面，晶体生长指数 n 是一个非常实用的玻璃析晶方式的判据。

参 考 文 献

[1] 刘智伟，孙业新，种振宇，等. 利用高炉矿渣生产微晶玻璃的可行性分析[J]. 山东冶金，2006, 28(6):49~51.

[2] Hosono H, Abe Y. Silver ion selective porous lithium phosphate glass-ceramics cation exchanger and its application to bacteriostatic materials[J]. Mater Res Bull, 1994, 29(11): 1157~1160.

[3] 李彬，吴刚，张丽华. 物理化学应用及实践[M]. 哈尔滨：东北林业大学出版社，2000, 120~122.

[4] 赵运才，肖汉宁，谭伟. 耐磨微晶玻璃的组成与晶化特性的研究[J]. 硅酸盐学报，2003, 31(4):406~409.

[5] 程慷果，万菊林，梁开明. 云母微晶玻璃析晶动力学的研究[J]. 硅酸盐学报，1997, 25(5):567~572.

[6] 胡丽丽，姜中宏. 玻璃析晶难易的一种新判据[J]. 硅酸盐学报，1990, 18(4): 315~321.

[7] Bansal N P, Doremus R H, Bruce A J, et al. Kinetics of crystallization of ZrF_4-BaF_2-LaF_3 glass by differential scanning calorimetry[J]. Journal of the American Ceramic Society, 1983, 66(4):233~238.

[8] Kissinger H E. Variation of peak temperature with heating rate in differential thermal analysis [J]. Journal of Research of the National Bureau of Standards, 1956, 57(4):217~221.

[9] 匡敬忠. 冷却-加热对 CaO-Al$_2$O$_3$-SiO$_2$ 系玻璃析晶动力学的影响[J]. 材料热处理学报, 2012, 33(1):37~43.

[10] Matusta K, Komatsu T, Yokota R. Kinetics of non-isothermal crystallization process and activation energy for crystal growth in amorphous materials[J]. J Mater Sci, 1984, 19(1): 291~296.

[11] Augis J A, Benett J E. Calculation of Avrami parameters for heterogeneous solid-state reactions using a modification of Kissinger method[J]. J Therm Anal, 1978, 13(2):283~292.

8 复合晶核剂对玻璃 析晶行为的影响

本章在第 6 章基础上将单一晶核剂按照不同比例配合使用，研究晶核剂的种类、加入方式与加入量对包钢高炉渣微晶玻璃析晶行为及晶相组成与结构的影响规律。

8.1 复合晶核剂的选择及优化

由第 6 章可知，添加少量 Cr_2O_3（2%）可促进玻璃的体积析晶，并析出预期的辉石类晶体，故选择 Cr_2O_3 为主要晶核剂；而 CaF_2、Fe_2O_3、TiO_2 的添加只是促使玻璃表面析晶，但均能促进透辉石晶体的析出，且晶核剂 CaF_2 对所研究的 CaO-SiO_2-MgO-Al_2O_3 玻璃体系有助熔、细化晶粒的作用，所以选择 CaF_2 作为复合晶核剂的一种；再将 Cr_2O_3 和 CaF_2 分别与 Fe_2O_3、TiO_2 构成三元复合晶核剂，复合晶核剂的配比及数量如表 8-1 所示，其他原料的加入量仍由 40% 高炉渣配比的基础玻璃配方确定。

表 8-1　复合晶核剂的配比及数量（w）　　　　（%）

试　样	Cr_2O_3	CaF_2	Fe_2O_3	TiO_2
F1	2%	—	—	—
F2	2%	2%	—	2%
F3	2%	2%	2%	—

依据添加 2% Cr_2O_3 作晶核剂的基础玻璃的 DTA 曲线，将 F1、F2、F3 三个试样分别以 8℃/min 的升温速率从室温升至 810℃，并保温 1h 进行核化；然后以 4℃/min 升温至 989℃，并保温 1h 进行晶化，热处理后试样的 XRD 图谱如图 8-1 所示。

单独添加 2% Cr_2O_3 的 F1 试样所析出矿物主要为铝透辉石和切马克辉石，而添加了 2% Cr_2O_3、2% CaF_2 和 2% TiO_2 的 F2 试样以及添

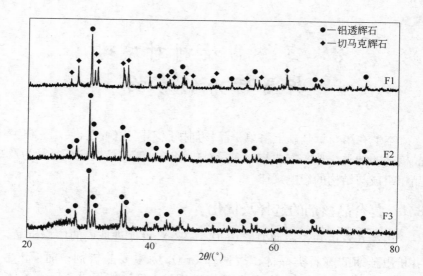

图 8-1　添加复合晶核剂玻璃热处理后的 XRD 图谱

加了 2% Cr_2O_3、2% CaF_2 和 2% Fe_2O_3 的 F3 试样所析出矿物均为铝透辉石，没有切马克辉石析出。从衍射峰强度来看，添加复合晶核剂的试样 F2、F3 析晶数量相差不大，均高于添加单一晶核剂 Cr_2O_3 的试样 F1，由此可见，复合晶核剂的加入大大促进了该玻璃体系的析晶。

对晶化热处理后的 F2 和 F3 试样进行扫描电镜分析，如图 8-2 所示。添加 Cr_2O_3、CaF_2 和 TiO_2 的 F2 试样晶化后（见图 8-2(a)）生成了粗大的块状晶体，晶粒尺寸已超过 5μm，没有得到预期的微晶玻璃显微结构；而添加 Cr_2O_3、CaF_2 和 Fe_2O_3 的 F3 试样晶化后（见图 8-2(b)）析出了均匀分布的球状晶粒，晶粒尺寸在 0.2μm 左右。因此，选择在 F3 配方基础上，进一步优化复合晶核剂 Cr_2O_3、CaF_2 及 Fe_2O_3 的配比。

由以上分析可知，Cr_2O_3 + CaF_2 + Fe_2O_3 是该系统玻璃最有效的复合晶核剂。为了寻求最优的复合晶核剂配比，在含 40% 高炉渣基础玻璃组成一定的情况下，选择 $L_9(3^3)$ 正交表安排实验，以 Cr_2O_3、CaF_2、Fe_2O_3 三种晶核剂的添加数量作为影响因素，进行三因素三水平正交实验，并以热处理后试样的抗折强度为检测指标，进行晶化效

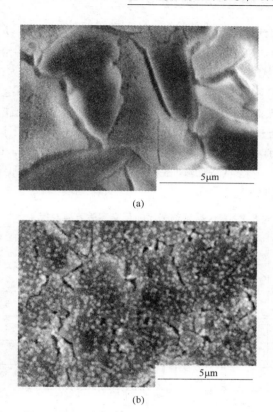

图 8-2 添加复合晶核剂玻璃热处理后的 SEM 照片

（a）添加 $2\% \, Cr_2O_3$、$2\% \, CaF_2$ 和 $2\% \, TiO_2$；

（b）添加 $2\% \, Cr_2O_3$、$2\% \, CaF_2$ 和 $2\% \, Fe_2O_3$

果分析。正交实验的因素及水平如表 8-2 所示。

表 8-2 正交实验的因素及水平 （%）

水 平	因 素		
	$w(Cr_2O_3)$	$w(CaF_2)$	$w(Fe_2O_3)$
1	1.5	2	2
2	2	4	3
3	2.5	6	4

寻求最优复合晶核剂配比的正交实验方案如表 8-3 所示。每个试样配料总量为 100g，其中，高炉渣 40g，不足的 SiO_2 由石英砂引入，CaO、MgO、Al_2O_3 以及晶核剂 Cr_2O_3、CaF_2、Fe_2O_3 均为纯化学试剂。将混合料充分混匀后装入刚玉坩埚，置于高温硅钼棒电炉内升温至 1490℃，并保温 3h 进行澄清、均化。将熔融玻璃液浇注在事先预热至 600℃ 的活动式钢质模具中成型，并放入马弗炉中于 600℃ 退火 2h，然后随炉冷却，得到基础玻璃。并依据添加 2% Cr_2O_3 基础玻璃的 DTA 曲线，将各基础玻璃试样分别在 810℃、989℃ 保温 1h，进行核化和晶化热处理。

表 8-3   复合晶核剂配比的正交实验方案及结果分析

试样编号	$w(CaO)$ /%	$w(SiO_2)$ /%	$w(MgO)$ /%	$w(Al_2O_3)$ /%	$w(Cr_2O_3)$ /%	$w(CaF_2)$ /%	$w(Fe_2O_3)$ /%	抗折强度 /MPa
FH1	26	54	10	10	1.5	2	2	188.71
FH2	26	54	10	10	1.5	4	3	187.11
FH3	26	54	10	10	1.5	6	4	121.26
FH4	26	54	10	10	2	2	3	169.07
FH5	26	54	10	10	2	4	4	187.19
FH6	26	54	10	10	2	6	2	164.38
FH7	26	54	10	10	2.5	2	4	204.85
FH8	26	54	10	10	2.5	4	2	109.84
FH9	26	54	10	10	2.5	6	3	135.30
W_1	—	—	—	—	165.69	187.54	154.31	—
W_2	—	—	—	—	173.55	161.38	163.83	—
W_3	—	—	—	—	150.00	140.31	171.10	—
R	—	—	—	—	23.55	47.23	16.79	—

8.2   复合晶核剂对微晶玻璃抗折强度的影响

寻求最优复合晶核剂配比的正交实验结果的极差分析见表 8-3，

R 为极差，表示所在列因素各水平下指标的最大值与最小值之差，极差越大，说明该因素对检测指标影响越大；W_i（$i = 1$，2，3）表示第 i 水平所在列的效应，由 W_i 大小可以判断各因素的最优水平，从而得到最优组合。

从表 8-3 所示的玻璃热处理后抗折强度的极差分析结果可知，Cr_2O_3、CaF_2、Fe_2O_3 因素的极差 R 分别为 23.55、47.23、16.79。很明显，CaF_2 的极差最大，Cr_2O_3 次之，Fe_2O_3 最小，说明晶核剂 CaF_2 的添加量对热处理后试样的抗折强度影响最大，各因素对抗折强度影响的主次顺序为 $CaF_2 > Cr_2O_3 > Fe_2O_3$。根据 W_i 可知，随着 Cr_2O_3 含量的增加，抗折强度先增加后降低，说明 Cr_2O_3 含量的增加有利于提高玻璃热处理后的抗折强度，但其含量不宜过高，否则抗折强度反而下降，在 Cr_2O_3 的第 2 水平（即 Cr_2O_3 的加入量为 2% 时）抗折强度的平均值最大，为 173.55MPa；随着 CaF_2 含量的增加，玻璃热处理后的抗折强度逐渐降低，说明 CaF_2 含量的增加不利于提高玻璃热处理后的抗折强度，并且 CaF_2 含量较多时，在玻璃熔制过程中易挥发出气态氟化物，污染环境，危害人体健康，所以少用为宜，在 CaF_2 的第 1 水平（即 CaF_2 含量为 2% 时）抗折强度的平均值最大，为 187.54MPa；随着 Fe_2O_3 含量的增加，玻璃热处理后的抗折强度逐渐升高，说明 Fe_2O_3 含量的增加有利于提高玻璃热处理后的抗折强度，所以应适当提高 Fe_2O_3 含量，在 Fe_2O_3 的第 3 水平（即 Fe_2O_3 含量为 4% 时）抗折强度的平均值最大，为 171.10MPa。根据以上分析，抗折强度达到最大值时复合晶核剂的配比应为 2% Cr_2O_3 + 2% CaF_2 + 4% Fe_2O_3，将此配比试样记为 FH10 试样。FH10 玻璃试样热处理后，经实验验证，抗折强度高达 211.7MPa，与预期相符。

因此，采用包钢高炉渣制备微晶玻璃时，在所研究的范围内（Cr_2O_3 1.5% ~ 2.5%、CaF_2 2% ~ 4%、Fe_2O_3 2% ~ 4%），最优复合晶核剂配比是 2% Cr_2O_3 + 2% CaF_2 + 4% Fe_2O_3。

8.3 复合晶核剂配比对微晶玻璃晶相组成的影响

微晶玻璃的抗折强度取决于其晶体的种类、数量和显微结构。晶体本身强度大于玻璃相，所以晶体越多，微晶玻璃的强度相对越大。此外，晶粒细小、致密且分布均匀的显微结构具有更高的强度。选择抗折强度分别为低（FH3、FH8）、中（FH1、FH2、FH5）、高（FH7、FH10）的具有代表性的7组试样做XRD分析，其结果如图8-3所示。由图8-3可知，复合晶核剂的配比不同时，衍射峰的强度有所不同，但其主晶相的种类并没有发生改变，均为铝透辉石$Ca(Mg_{0.5}Al_{0.5})(Al_{0.5}Si_{1.5}O_6)$。可见，调整复合晶核剂的配比对析出主晶相的种类没有影响，只对析出晶相的数量产生影响。

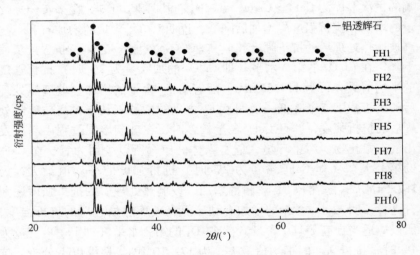

图8-3　添加复合晶核剂系列玻璃热处理后的XRD图谱

8.4　复合晶核剂配比对微晶玻璃显微结构的影响

选取抗折强度较低、中等、较高、最高的FH8（抗折强度为109.84MPa）、FH5（抗折强度为187.19MPa）、FH7（抗折强度为204.85MPa）、FH10（抗折强度为211.7MPa）四个试样，分别进行断面SEM观察，如图8-4所示。可见，复合晶核剂的配比不同，晶粒的大小和分布有明显的区别。

FH8试样析出了不规则的块状晶体（见图8-4（a）），晶粒尺寸大小不一，不均匀地镶嵌在玻璃相中，大部分晶粒粒径为2～

3μm，该试样玻璃相含量相对较高，XRD 衍射峰强度较低（见图 8-3），故抗折强度较低，仅为 109.84MPa。FH5 试样析出了细小粒状晶体（见图 8-4(b)），粒径为 0.5 ~ 0.8μm，与 FH8 试样相比尺寸大幅度减小，晶粒分布更加致密且均匀，玻璃相明显减少，因此抗折强度大幅度提高，达 187.19MPa。FH7 试样也析出了粒状晶体（见图 8-4(c)），晶粒尺寸为 0.8 ~ 1.0μm，与 FH5 试样相比尺寸有所增加，且晶粒分布均匀、较为致密，故抗折强度进一步提高，为 204.85MPa。FH10 试样析出块状晶体（见图 8-4(d)），大部分晶粒尺寸在 2μm 左右，虽然晶粒尺寸大于 FH5 和 FH7 试样，但晶体分布更加均匀，晶体之间相互交织在一起，排列紧密，玻璃相很少，只存在于晶界的缝隙处，所以其抗折强度最高，达 211.7MPa。

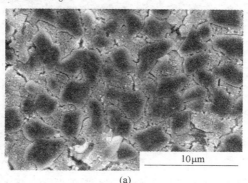

(a)

(b)

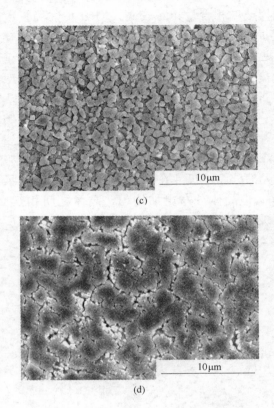

(c)

(d)

图 8-4　不同复合晶核剂配比玻璃热处理后的 SEM 照片

(a) FH8($w(Cr_2O_3)$: $w(CaF_2)$: $w(Fe_2O_3)$ =2.5 : 4 : 2)；

(b) FH5($w(Cr_2O_3)$: $w(CaF_2)$: $w(Fe_2O_3)$ =2 : 4 : 4)；

(c) FH7($w(Cr_2O_3)$: $w(CaF_2)$: $w(Fe_2O_3)$ =2.5 : 2 : 4)；

(d) FH10($w(Cr_2O_3)$: $w(CaF_2)$: $w(Fe_2O_3)$ =2 : 2 : 4)

8.5　小结

（1）以包钢高炉渣为主要原料，在基础玻璃化学组成不变的情况下，采用 Cr_2O_3 + CaF_2 + Fe_2O_3 作复合晶核剂，制得了主晶相为铝透辉石的微晶玻璃，抗折强度为 110～212MPa。

（2）复合晶核剂配比的改变对微晶玻璃的主晶相没有影响，只对微晶玻璃的晶体含量、晶粒大小及分布情况产生影响，其抗折强度也随之发生改变。

（3）在所研究的系统中，各因素对微晶玻璃抗折强度影响的主次顺序为：$CaF_2 > Cr_2O_3 > Fe_2O_3$。$CaF_2$ 含量增加，抗折强度降低；Cr_2O_3 含量增加，抗折强度先提高后降低；Fe_2O_3 含量增加，抗折强度提高。最优复合晶核剂的配比为 $2\% Cr_2O_3 + 2\% CaF_2 + 4\% Fe_2O_3$，晶体形貌呈块状，尺寸在 $2\mu m$ 左右，抗折强度高达 211.7MPa。

9 包钢高炉渣制备微晶玻璃热处理制度的优化

热处理是将基础玻璃制成微晶玻璃的工艺过程，微晶玻璃是在确定的热处理制度下受控晶化形成的。热处理制度直接影响析晶过程，而析晶过程是微晶玻璃生产过程中的重要环节[1]。在热处理过程中要尽量避免晶粒异常长大，不然会造成强度降低，这就需要在成核阶段进行精确的控制，核化后还要进一步升温，使晶核生长，升温速度也要控制精确，以防在此过程中发生变形。所以，热处理制度对微晶玻璃的显微结构及晶相组成具有重要的意义[2]。

微晶玻璃的性能主要受主晶相种类和数量的影响。主晶相的种类是由玻璃成分决定的，而数量主要是由热处理制度决定的。热处理制度包括核化温度、核化时间、晶化温度、晶化时间和升温速率[3]。

本章主要通过改变热处理制度，结合 DTA、XRD、SEM 及材料性能检测，探明热处理制度对微晶玻璃组成、结构与性能的影响规律。

9.1 热处理制度的确定依据

9.1.1 试验原料

依据 MgO 含量为 10% 的 $CaO-SiO_2-Al_2O_3$ 三元系相图（见图 3-1），在辉石类矿物析出区域选取基础玻璃组成点 A，配制了 3 个试样。1 号试样完全由纯化学试剂配制而成；2 号试样配入约 40% 包钢高炉渣，其余成分由石英砂、纯化学试剂引入，不添加任何晶核剂；3 号试样配入 40% 高炉渣，其余成分由石英砂、纯化学试剂引入，同时添加了 2% Cr_2O_3 + 2% CaF_2 + 4% Fe_2O_3 作复合晶核剂。其具体化学组成见表 9-1，各原料的化学组成见表 9-2。

表 9-1　配制试样的化学组成 (w)　（%）

试样编号	高炉渣	CaO	SiO$_2$	Al$_2$O$_3$	MgO	Cr$_2$O$_3$	CaF$_2$	Fe$_2$O$_3$
1	0	26	54	10	10	—	—	—
2	38.68	12.71	39.57	3.56	5.48	—	—	—
3	40.00	13.14	40.92	3.68	5.67	2	2	4

表 9-2　各原料的化学组成 (w)　（%）

原料	CaO	SiO$_2$	Al$_2$O$_3$	MgO	K$_2$O	Na$_2$O	S	F	RE$_x$O$_y$	TFe
高炉渣	33.0	32.70	15.80	10.82	0.56	0.66	1.02	0.57	0.78	1.20
石英砂	—	97.15	0.5	—	—	—	—	—	—	<0.2
纯 CaO 试剂	98.0	—	—	—	—	—	—	—	—	—
纯 MgO 试剂	—	—	—	98.0	—	—	—	—	—	—
纯 Al$_2$O$_3$ 试剂	—	—	98.0	—	—	—	—	—	—	—

9.1.2　基础玻璃制备及 DTA 检测

将各种原料充分球磨至 74μm（200 目）以下，按照表 9-1 所示的配比准确称量并充分混匀后，装入刚玉坩埚，在硅钼棒电炉内于 1490℃保温 3h。待玻璃液熔融并澄清后，将其浇注在预热至 600℃的不锈钢活动模具中，再置于马弗炉中于 600℃保温 2h，以消除基础玻璃的内部应力。断电后随炉冷却至室温，制得基础玻璃试样。

将部分基础玻璃试样研磨成粉末装入刚玉坩埚，在 Ar 气氛保护下以 10℃/min 的升温速率从室温升至 1200℃，进行 DTA 分析，分析结果见图 9-1。

由图 9-1 可以看出，3 个基础玻璃试样的 DTA 曲线大体相似，在 740~780℃温度范围内均出现一个较小的吸热峰，在 950~970℃温度范围内均出现一个明显的放热峰。微小的吸热峰表示玻璃转变温度，一般核化温度高于玻璃转变温度 5~30℃[4,5]。由 1~3 号玻璃试样的 DTA 曲线可知，随着高炉渣及复合晶核剂 Cr$_2$O$_3$ + Fe$_2$O$_3$ + CaF$_2$

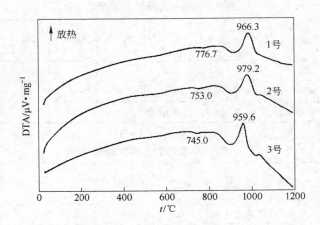

图 9-1 基础玻璃试样的 DTA 曲线

的添加，玻璃的稳定性下降。3 号试样与 1 号、2 号试样相比，放热峰明显变得尖锐，放热峰峰值温度明显降低，表明其受控晶化能力增强[6,7]。因此，选择 3 号玻璃试样进行热处理制度的优化，其核化吸热峰峰值温度为 745℃，晶化放热峰峰值温度为 960℃，以此作为核化温度、晶化温度等热处理制度参数选择的依据。

采用熔融法制备矿渣微晶玻璃，目前常用的热处理制度有两种，即一步法和两步法。

9.2 热处理后试样性能的检测方法

（1）抗折强度测定。采用三点弯曲法测定微晶玻璃试样的抗折强度指标。首先将微晶玻璃加工成 4mm × 4mm × 40mm 的长方体试条，在 CSS-88000 型电子万能试验机上进行测试（测定 4 根试条的抗折强度，取平均值），加载负荷为 98N，跨距为 30mm，加荷速度为 0.5mm/s。采用游标卡尺测出试样断口的宽度和高度，抗折强度的计算公式如下：

$$\sigma = \frac{3PL}{2bh^2}$$ (9-1)

式中 σ——试样的抗折强度，MPa；

P——试样断裂时所承受的负荷，N；

L——试件跨距，mm；

b——断口宽度，mm；

h——断口高度，mm。

（2）硬度测定。使用 HV-50A 型维氏硬度计对微晶玻璃进行硬度测定。维氏硬度试验的基本原理是：将两相对面夹角为136°的金刚石正四棱锥压头（如图 9-2（a）所示），在一定的试验力作用下压

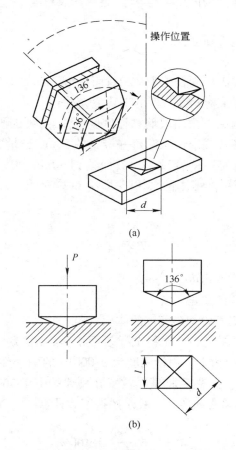

图 9-2　维氏金刚石棱锥压头及硬度测定原理

（a）维氏金刚石正四棱锥压头；（b）维氏硬度试验的基本原理

入试样表面，保持一定的时间后卸除试验力，测量压痕对角线长度（如图9-2（b）所示），以试验力除以压痕锥形表面积所得的商表示维氏硬度值。将试样表面抛光后，采用维氏金刚石压头加压，保压15s。

硬度测定计算公式如下：

$$HV = \frac{2P\sin\left(\dfrac{\alpha}{2}\right)}{d^2} = 1.8544\,\frac{P}{d^2} \qquad (9-2)$$

式中 HV——维氏硬度；

P——负载，N；

α——维氏金刚石压头两相对面夹角，$\alpha = 136°$；

d——压痕对角线长度的平均值，mm。

（3）密度测定。微晶玻璃试样密度的测定采用排水法。首先称量试样质量，将其置于预先标定好容量的50mL容量瓶中，用50mL的滴定管进行滴定。待容量瓶中液面达到50mL刻度线时，直接从滴定管中读出剩余液体的体积，即为试样体积。其密度按下式计算：

$$\rho = \frac{m}{V} \qquad (9-3)$$

式中 ρ——试样的密度，g/mL；

m——试样的质量，g；

V——滴定管中剩余液体的体积，mL。

（4）吸水率测定。首先将试样表面洗净，用沸水煮1h后冷却，再浸泡24h，取出擦干，用精确度为0.0001g的电子秤称量吸水后试样的质量为m_2(g)；然后将试样放置在马弗炉中于300℃下烘干3h，烘干后称量其质量为m_1(g)。吸水率按下式计算：

$$W = \frac{m_2 - m_1}{m_1} \times 100\% \qquad (9-4)$$

式中 W——试样的吸水率，%。

9.3 一步法热处理制度的优化

9.3.1 一步法热处理制度的优化方案

由于 3 号玻璃试样差热分析（DTA）曲线的晶化放热峰明显，而核化吸热峰并不明显，吸热峰和放热峰两者相距较远。通过查阅资料得知，具有这种 DTA 曲线类型的玻璃在热处理时不易发生软化变形，结晶程度好，晶粒较细，性能优良，可采用一步法热处理制度。

首先以 $10℃/min$ 的速率升温至 $600℃$，再以不同的升温速率（具体见表 9-3）将基础玻璃升温至晶化温度 $960℃$ 后保温 $0.5h$，通过对晶化后试样断面进行 SEM 观察，确定最佳升温速率；确定最佳升温速率后再进行 3 个实验，将 3 个试样 E、F、G 以最佳升温速率升至晶化温度 $960℃$，并分别保温 $0.5h$、$1.0h$、$1.5h$，然后随炉冷却；最后测定各种热处理制度下试样的抗折强度、硬度、吸水率、密度等性能，从而确定最佳热处理制度。

表9-3 升温速率 （℃/min）

试样编号	A	B	C	D
升温速率	1	3	5	7

本实验采用"先确定升温速率，再确定晶化时间"的方法。此实验方法与正交试验相比，优点为：

（1）直观形象，符合一般探索研究思路；

（2）节省实验次数，节约原料，仅需 7 个实验。

9.3.2 不同升温速率下热处理试样的 SEM 分析

将 A、B、C、D 四个试样分别以不同的升温速率（$1℃/min$、$3℃/min$、$5℃/min$、$7℃/min$）升至晶化温度 $960℃$ 并保温 $0.5h$ 后，其 SEM 照片（放大 20000 倍）见图 9-3。随着升温速率的提高，晶粒尺寸变大，玻璃相增多。由此可见，采用一步法热处理制度，包钢高炉渣微晶玻璃的形核能力不足，晶核数量较少，而析晶能力较强，晶粒容易长大。因此，延长在核化温度范围内的保温时间可以有效提高

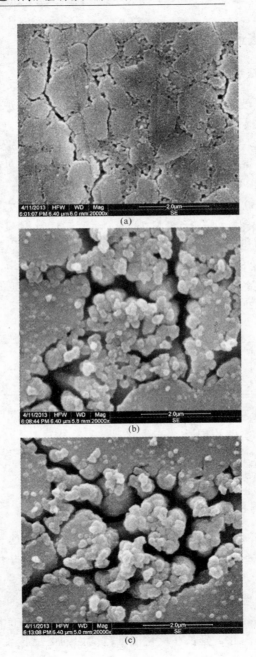

(a)

(b)

(c)

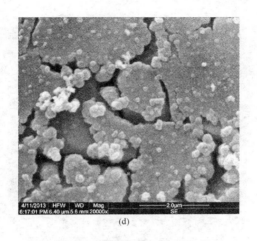

(d)

图 9-3 不同升温速率下试样的 SEM 照片 （×20000）

(a) A 试样，1℃/min；(b) B 试样，3℃/min；

(c) C 试样，5℃/min；(d) D 试样，7℃/min

形核率，降低晶粒尺寸，有利于获得性能良好的微晶玻璃制品。图 9-3 中 A 试样晶粒较小，粒径为 0.5～1.5μm，晶粒之间排列紧密，且玻璃相少。可见，以 1℃/min 的升温速率进行升温时可以获得较好的微晶玻璃显微结构。因此，只有在形核温度范围内的时间保持足够长时，才能保证较多的晶核数量。

综上所述，一步法热处理制度的升温速率应取 1℃/min。

9.3.3　晶化时间对微晶玻璃显微结构及物理性能的影响

当足够多的晶核形成后，晶体开始长大。晶体长大速率是由原子从熔融体中向晶核界面扩散与反方向扩散的差值决定的。因为晶体在长大过程中要克服的势垒比均匀形核和非均匀形核的势垒要小得多，所以在过冷度较小的情况下晶体就能长大。当微晶玻璃中已有足够的晶核存在时，升温至晶体生长速率达最大值的温度附近并保温，即可以在其中长出大量的微晶。而晶化时间对析出晶体的尺寸和数量影响很大，从而对微晶玻璃的性能产生一定影响。将 3 个试样 E、F、G 以 1℃/min 的升温速率升到 960℃，并分别保温 0.5h、1.0h、1.5h，试样在不同晶化时间热处理后的 SEM 照片（放大 15000 倍）见图 9-4。

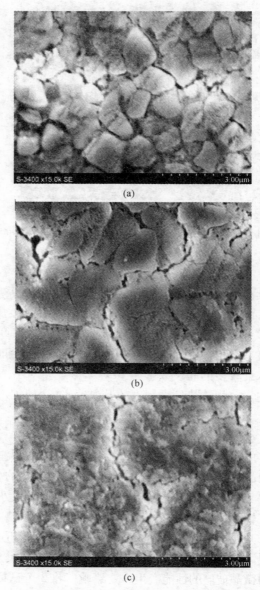

(a)

(b)

(c)

图 9-4   试样在不同晶化时间热处理后的 SEM 照片 （×15000）

（a）E 试样，0.5h；（b）F 试样，1.0h；（c）G 试样 1.5h

从图 9-4 可以看出，随着保温时间的延长，晶粒尺寸越来越大。保温 0.5h 的 E 试样晶粒分布均匀，粒径为 1.0 ~ 1.5μm，晶粒之间存在一定的玻璃相。保温 1.0h 的 F 试样晶粒排列更加紧密，晶粒进一步长大，粒径为 1.5 ~ 2.5μm，晶粒之间玻璃相大幅度减少。而保温 1.5h 的 G 试样，其晶粒排列比 F 试样更加紧密，晶粒已长大并连接成片，几乎不见玻璃相。可见，保温时间应控制在 0.5 ~ 1.0h，均可以获得均匀、致密的微晶玻璃显微结构。

不同晶化时间热处理后试样的抗折强度、硬度、密度及吸水率等物理性质的测定结果，见表 9-4。所制备的包钢高炉渣微晶玻璃与天然石材（花岗岩、大理石）及国内熔融法生产的矿渣微晶玻璃的性能对比，见表 9-5。随着晶化时间的延长，试样的抗折强度有所提高，硬度有所下降，密度有所提高，而吸水率变化不明显。总之，这几项物理性能指标均变化不大。具有较好微晶玻璃显微结构的 E、F 试样，其抗折强度为 217 ~ 219MPa，维氏硬度为 707 ~ 716，密度为 2.87 ~ 2.90g/cm³，吸水率为 0.019% 左右。由表 9-5 可知，本试验采用熔融一步法热处理制度所获得的微晶玻璃产品性能良好，在国内研制的矿渣微晶玻璃中居中上等水平。

表 9-4 不同晶化时间热处理后试样的抗折强度、硬度、密度及吸水率

试样编号	抗折强度/MPa	维氏硬度	密度/g·cm⁻³	吸水率/%
E	216.95	716.30	2.87	0.0189
F	218.60	707.12	2.90	0.0191
G	226.00	680.64	2.89	0.0188

综上所述，最佳的一步法热处理制度为：以 10℃/min 的速率升温至 600℃，再以 1℃/min 的升温速率升至晶化温度 960℃，保温 0.5 ~ 1.0h 后随炉冷却至室温，即可获得性能优良的微晶玻璃制品。

表9-5　包钢高炉渣微晶玻璃与天然石材、国内
矿渣微晶玻璃的性能对比

性能指标	花岗岩	大理石	国内矿渣微晶玻璃（熔融法）	包钢高炉渣微晶玻璃（熔融一步法）
抗折强度/MPa	15~38	7~19	40~300	217~219
维氏硬度	830~900	302~498	580~835	707~716
密度/g·cm^{-3}	2.7	2.7	2.5~2.8	2.87~2.90
吸水率/%	0.2~0.5	0.3~0.8	0.02~0.25	0.019

9.4　二步法热处理制度的优化

9.4.1　正交实验设计

依据图9-1中3号基础玻璃试样的DTA曲线，其核化吸热峰峰值温度为745℃，晶化放热峰峰值温度为960℃，以此作为二步法热处理制度相关参数的选择依据。通过4因素3水平的L$_9$(3^4)正交实验，寻求最优的二步法热处理工艺参数。热处理制度的4个影响因素分别为核化温度、核化时间、晶化温度和晶化时间，正交实验的因素及水平选择见表9-6。

表9-6　正交实验的因素及水平

水平	因　素			
	核化温度/℃	晶化温度/℃	核化时间/h	晶化时间/h
1	750	935	0.5	0.5
2	765	960	1.0	1.0
3	780	985	1.5	1.5

根据相关资料，核化温度一般高于玻璃转变温度5~30℃。因此，以DTA曲线上的吸热峰峰值温度745℃为基础，核化温度范围选取750~780℃，以15℃为间隔，确定3个水平分别为750℃、765℃和780℃；而晶化温度以DTA曲线上的放热峰峰值温度960℃为中间水平，分别向两边取值，以25℃为间隔，故晶化温度选取范围为935~985℃；核化和晶化时间以0.5h为间隔，选取范围均为0.5~

1.5h。正交实验的检测指标为不同热处理制度下试样的抗折强度，正交实验方案及抗折强度测试结果见表 9-7。

表 9-7 正交实验方案及抗折强度测试结果

试样编号	核化温度/℃	晶化温度/℃	核化时间/h	晶化时间/h	抗折强度/MPa
S1	750	935	0.5	0.5	171.8
S2	750	960	1.0	1.0	208.5
S3	750	985	1.5	1.5	175.9
S4	765	935	1.0	1.5	168.6
S5	765	960	1.5	0.5	186.8
S6	765	985	0.5	1.0	180.8
S7	780	935	1.5	1.0	199.3
S8	780	960	0.5	1.5	187.0
S9	780	985	1.0	0.5	200.2
W_I	556.2	539.7	539.6	558.8	
W_{II}	536.2	582.3	577.3	588.6	
W_{III}	586.5	556.9	562.0	531.5	
$\overline{W}_I$	185.4	179.9	179.9	186.3	
$\overline{W}_{II}$	178.7	194.1	192.4	196.2	
$\overline{W}_{III}$	195.5	185.6	187.3	177.2	
极　差	16.8	14.2	12.5	19.0	

对制得的基础玻璃进行热处理，其过程包括 5 个阶段：

（1）以 8℃/min 的升温速率升温至核化温度；

（2）在核化温度保温；

（3）以 5℃/min 的升温速率升温至晶化温度；

（4）在晶化温度保温；

（5）保温结束后，试样随炉冷却至室温。

9.4.2 正交实验的极差分析

正交实验结果的极差分析见表 9-7，其中，W_I 表示表中第 i 列因素第 1 水平抗折强度之和；W_{II} 表示表中第 i 列因素第 2 水平抗折强度之和；W_{III} 表示第 i 列因素第 3 水平抗折强度之和；$\overline{W}_I$、$\overline{W}_{II}$、$\overline{W}_{III}$ 分别表示各因素第 1 水平、第 2 水平、第 3 水平抗折强度的平均值。

由表 9-7 中各影响因素的极差可以发现，晶化时间对热处理后试样的抗折强度影响最大，其他 3 个因素对抗折强度的影响程度由大到小依次为：核化温度、晶化温度、核化时间。最优的热处理制度为：核化温度 780℃，核化时间 1h，晶化温度 960℃，晶化时间 1h。在极差分析推测出的最优热处理制度下对基础玻璃试样进行热处理，该试样记作 S10，经检测其抗折强度为 221.7MPa，远远高于正交试验中 9 个试验点的抗折强度（168.6～208.5MPa），从而验证了正交试验极差分析结果的正确性。

9.4.3　正交实验的方差分析

在进行正交实验方差分析时，将 4 个因素分别表示为 A、B、C、D。其中，A 为核化温度，B 为晶化温度，C 为核化时间，D 为晶化时间。方差分析计算的依据为表 9-7 中正交实验抗折强度的测定结果。

（1）计算总方差平方和

$$S_{总} = \sum_{i=1}^{9} y_i^2 - \frac{\left(\sum_{i=1}^{9} y_i\right)^2}{n} \tag{9-5}$$

式中　$S_{总}$——总方差平方和；

$\quad\quad y_i$——不同热处理制度下的抗折强度；

$\quad\quad n$——实验数。

$S_{总} = (171.8^2 + 208.5^2 + 175.9^2 + 168.6^2 + 186.8^2 + 180.8^2 + 199.3^2 + 187^2 + 200.2^2) -$

$\quad\quad \dfrac{(171.8 + 208.5 + 175.9 + 168.6 + 186.8 + 180.8 + 199.3 + 187 + 200.2)^2}{9}$

$= 1517.2$

（2）计算离差平方和

$$S_j = \frac{\sum(因素\,j\,每一水平抗折强度之和)^2}{每个水平重复实验次数} - \frac{\left(\sum\limits_{i=1}^{9} y_i\right)^2}{n}$$

$$(j = A, B, C, D) \tag{9-6}$$

式中　S_j——因素 j 的离差平方和。

$$S_A = \frac{W_{\mathrm{I}}^2 + W_{\mathrm{II}}^2 + W_{\mathrm{III}}^2}{3} - 313189.47$$

$$= \frac{556.2^2 + 536.2^2 + 586.5^2}{3} - 313189.47 = 427.57$$

同理　$S_B = \dfrac{W_{\mathrm{I}}^2 + W_{\mathrm{II}}^2 + W_{\mathrm{III}}^2}{3} - 313189.47 = 306.19$

$$S_C = \frac{W_{\mathrm{I}}^2 + W_{\mathrm{II}}^2 + W_{\mathrm{III}}^2}{3} - 313189.47 = 239.68$$

$$S_D = \frac{W_{\mathrm{I}}^2 + W_{\mathrm{II}}^2 + W_{\mathrm{III}}^2}{3} - 313189.47 = 543.75$$

自由度　　　　$f_A = f_B = f_C = f_D = 3 - 1 = 2$

$S'_{总} = S_A + S_B + S_C + S_D = 427.57 + 306.19 + 239.68 + 543.75 = 1517.19$

式中　$S'_{总}$——总离差平方和。

$$f_{总} = f_A + f_B + f_C + f_D = 8$$

（3）影响因素显著性检验。

因为　　　　　$V_j = \dfrac{S_j}{f_j}$ 　　$(j = A, B, C, D)$ \tag{9-7}

式中　V_j——因素 j 的离差平方和与其自由度之比。

所以　　　　　$V_A = \dfrac{S_A}{f_A} = \dfrac{427.57}{2} = 213.79$

$$V_B = \frac{S_B}{f_B} = \frac{306.19}{2} = 153.10$$

$$V_C = \frac{S_C}{f_C} = \frac{239.68}{2} = 119.84$$

$$V_D = \frac{S_D}{f_D} = \frac{543.75}{2} = 271.88$$

$$V_{总} = \frac{S'_{总}}{f_{总}} = \frac{1517.19}{8} = 189.65$$

因此，各影响因素的显著性 F 值分别为：

$$F_A = \frac{V_A}{V_{总}} = \frac{213.79}{189.65} = 1.13$$

$$F_B = \frac{V_B}{V_{总}} = \frac{153.10}{189.65} = 0.81$$

$$F_C = \frac{V_C}{V_{总}} = \frac{119.84}{189.65} = 0.63$$

$$F_D = \frac{V_D}{V_{总}} = \frac{271.88}{189.65} = 1.43$$

由相关资料[8]可知，因素的显著性临界值 $F_{0.10}(2,6) = 3.46$，$F_{0.10}(2,6)$ 中的"2"为因素自由度，"6"为误差自由度（误差自由度＝本实验次数－1－因素自由度＝9－1－2＝6），这 4 个因素的 F 值均小于 $F_{0.10}(2,6) = 3.46$，对抗折强度的影响程度相差不多，均不太显著，表明该正交实验的精确度不够高。

综上所述，最优二步法热处理制度为：以 8℃/min 的升温速率升至核化温度 780℃，并保温 1h；再以 5℃/min 的升温速率升至晶化温度 960℃，并保温 1h；然后随炉冷却至室温，即可获得性能优良的微晶玻璃制品。

9.4.4　微晶玻璃的 SEM 分析

根据正交实验抗折强度的测定结果，分别选取抗折强度较高的两个试样（S2、S9），抗折强度较低的两个试样（S1、S4）及最优热处理制度下的试样 S10，对这 5 个试样进行 SEM 分析。

先用砂纸打磨试样的表面并抛光，然后用浓度为 10% 的氢氟酸对试样表面进行腐蚀，腐蚀时间为 40s。在试样表面喷金后，采用

FEI Nova 400Nano 扫描电子显微镜对试样进行显微结构观察,如图
9-5所示。

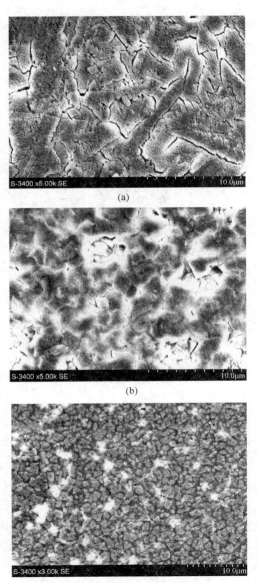

(a)

(b)

(c)

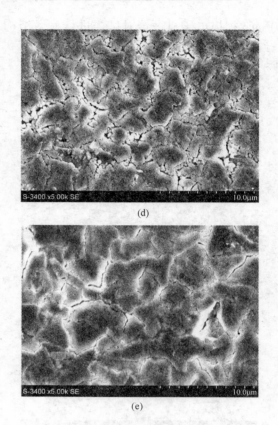

图 9-5　微晶玻璃试样 S1、S2、S4、S9、S10 的 SEM 照片
(a) S1；(b) S2；(c) S4；(d) S9；(e) S10

　　抗折强度较低的 S1 和 S4 试样，其显微结构照片分别见图 9-5
(a)、(c)。S1 试样（热处理制度：核化温度 750℃，晶化温度 935℃，
核化时间 0.5h，晶化时间 0.5h）由于核化温度较低，核化时间较短，
形核数量不足，晶体容易长大；且晶化温度较低，晶化时间较短，析
晶能力也不足，故该试样晶粒大小不一，有些已经生长成为枝状晶，
长度达 10μm，晶粒之间玻璃相较多，故其抗折强度相对较低，仅为
171.8MPa。而 S4 试样（热处理制度：核化温度 765℃，晶化温度
935℃，核化时间 1h，晶化时间 1.5h）的核化温度与核化时间保证了

其形核能力，但晶化温度较低，晶体长大速度较低，故晶粒细小，粒径尺寸为 $1.0 \sim 2.0 \mu m$，分布较为稀疏，晶粒间玻璃相较多，晶化率较低，故其抗折强度相对较低，仅为 168.6MPa。

抗折强度较高的 S2、S9 和 S10 试样，其显微结构照片分别见图9-5（b）、（d）和（e）。S2 试样（热处理制度：核化温度750℃，晶化温度960℃，核化时间1h，晶化时间1h）的晶粒尺寸为 $1.5 \sim 4 \mu m$，且排列紧密，晶粒间玻璃相较少，故其抗折强度较高，为208.5MPa。S9 试样（热处理制度：核化温度780℃，晶化温度985℃，核化时间1h，晶化时间0.5h）的晶粒尺寸为 $1.5 \sim 4.5 \mu m$，而且排列较致密，玻璃相较少，晶化率较高，故其抗折强度较高，为200.2MPa。S10 试样（热处理制度：核化温度780℃，晶化温度960℃，核化时间1h，晶化时间1h）的晶粒已呈块状，尺寸为 $5 \sim 6 \mu m$，排列非常致密，玻璃相极少，故其抗折强度最高，为221.7MPa。

9.4.5 微晶玻璃物理性能的检测与分析

微晶玻璃试样 S1、S2、S4、S9、S10 的抗折强度、维氏硬度、密度及吸水率等物理性能的测定结果，见表9-8。

表 9-8 微晶玻璃试样的抗折强度、维氏硬度、密度及吸水率

编　　号	抗折强度/MPa	维氏硬度	密度/g·cm^{-3}	吸水率/%
S1	171.80	750.30	2.99	0.019
S2	208.50	734.06	3.00	0.019
S4	168.60	746.27	2.90	0.020
S9	200.20	717.17	2.82	0.020
S10	221.70	770.60	3.00	0.019

由表9-8可知，在二步法最优热处理制度下制得的 S10 微晶玻璃试样，不仅抗折强度最大，且硬度最大（770.60），密度最大（$3.00g/cm^3$），吸水率较低（0.019%）。这表明在正交实验极差分析

得出的最优热处理制度下，制得的微晶玻璃物理性能优良。

采用二步法热处理制度所制得的包钢高炉渣微晶玻璃，其抗折强度为 168.6 ~ 221.7MPa，维氏硬度为 717.2 ~ 770.6，密度为 2.82 ~ 3.00g/cm^3，吸水率为 0.02% 左右，性能优良，在国内研制的矿渣微晶玻璃中居于中上等水平。

9.5　一步法与二步法热处理制度的比较

采用一步法热处理制度，热处理耗费时间长，能耗较高；而采用二步法热处理制度，耗时较少，能耗相对较低。采用最优二步法热处理制度，其微晶玻璃制品的抗折强度、吸水率与最优一步法热处理制度的微晶玻璃制品相当，但其硬度、密度却更优良。采用这两种方法所制备的包钢高炉渣微晶玻璃性能优良，在国内研制的矿渣微晶玻璃中居于中上等水平。

9.6　小结

（1）以 DTA 曲线为依据，对采用熔融法制备包钢高炉渣微晶玻璃的热处理制度进行了优化。最优一步法热处理制度为：以 10℃/min 的升温速率升温至 600℃，再以 1℃/min 的升温速率升至晶化温度 960℃，并保温 0.5 ~ 1.0h 然后随炉冷却至室温。所制得的微晶玻璃制品的性能为：抗折强度 217 ~ 219MPa，维氏硬度 707 ~ 716，密度 2.87 ~ 2.90g/cm^3，吸水率 0.019% 左右。

（2）以 DTA 曲线为依据，采用正交实验方法对制备包钢高炉渣微晶玻璃的二步法热处理制度进行了优化。最优二步法热处理制度为：以 8℃/min 的升温速率升至核化温度 780℃，并保温 1h；再以 5℃/min 的升温速率升至晶化温度 960℃，并保温 1h；然后随炉冷却至室温。所制得的微晶玻璃制品的抗折强度为 221.7MPa，维氏硬度为 770.6，密度为 3.00g/cm^3，吸水率 0.019%。

（3）采用熔融法制备包钢高炉渣微晶玻璃，无论采用一步法还是二步法热处理制度，晶化温度都应控制在基础玻璃 DTA 曲线上的析晶放热峰峰值温度，其效果最佳。

参 考 文 献

[1] 杨淑敏，张伟，周向玲. 热处理制度对高炉渣微晶玻璃性能影响[J]. 重庆理工大学学报（自然科学），2010,(10):34~39.

[2] 杨修春，李伟捷. 新型建筑玻璃[M]. 北京：中国电力出版社，2009：233~254.

[3] 匡敬忠. 热处理制度对 $CaO-Al_2O_3-SiO_2$ 系微晶玻璃性能的影响[J]. 材料导报：研究篇，2010,(3):52~56.

[4] Yan Zhao, Dengfu Chen, Yanyan Bi, Mujun Long. Preparation of low cost glass-ceramics from molten blast furnace slag[J]. Ceramics International, 2012, 38：2495~2500.

[5] Likitvanichkul S, Lacourse W C. Effect of fluorine content on crystallization of canasite glass-ceramics[J]. Journal of Materials Science, 1995, 30(24):6151~6155.

[6] Rezvani M, Eftekhari Yekta B, Marghussian V K. Utilization of DTA in determination of crystallization mechanism in $SiO_2-Al_2O_3-CaO-MgO$ （R_2O）glasses in presence of various nuclei[J]. Journal of the European Ceramic Society, 2005, 25(9):1525~1530.

[7] Gupta P K, Baranta G, Denry I L. DTA peak shift studies of primary crystallization in Glasses[J]. Journal of Non-Crystalline Solids, 2003, 317(3):254~269.

[8] 茆诗松，贺思辉. 概率论与统计学[M]. 武汉：武汉大学出版社，2010：588~590.

冶金工业出版社部分图书推荐

书　名	作　者	定价(元)
钢铁冶金原燃料及辅助材料(本科教材)	储满生	59.00
冶金与材料热力学(本科教材)	李文超	65.00
钢铁冶金原理(第4版)(本科教材)	黄希祜	82.00
现代冶金工艺学——钢铁冶金卷(国规教材)	朱苗勇	49.00
钢铁冶金学(炼铁部分)(第3版)	王筱留	60.00
冶金设备(第2版)(本科教材)	朱云	56.00
矿产资源开发利用与规划(本科教材)	邢立亭	40.00
复合矿与二次资源综合利用(本科教材)	孟繁明	36.00
冶金资源综合利用(本科教材)	张朝晖	46.00
冶金企业环境保护(本科教材)	马红周	23.00
冶金科技英语口译教程(本科教材)	吴小力	45.00
金属材料及热处理(高职高专教材)	王悦祥	35.00
冶金生产概论(高职高专教材)	王明海	45.00
炼铁工艺及设备(高职高专教材)	郑金星	49.00
高炉冶炼操作与控制(高职高专教材)	侯向东	49.00
钢铁生产概览	中国金属学会	80.00
炼铁计算辨析	那树人	424.00
冶金资源高效利用	郭培民	56.00
尾矿的综合利用与尾矿库的管理	印万忠	28.00
金属矿山尾矿综合利用与资源化	张锦瑞	16.00
现行冶金固废综合利用标准汇编	冶金信息标准研究院	150.00
钢铁工业烟尘减排与回收利用技术指南	王海涛	58.00
冶金过程废气污染控制与资源化	唐平	40.00
工业废水处理工程实例	张学洪	28.00
废铬资源再利用技术	熊道陵	36.00